essentials

Essentials liefern aktuelles Wissen in konzentrierter Form. Die Essenz dessen, worauf es als „State-of-the-Art" in der gegenwärtigen Fachdiskussion oder in der Praxis ankommt. essentials informieren schnell, unkompliziert und verständlich.

- als Einführung in ein aktuelles Thema aus Ihrem Fachgebiet
- als Einstieg in ein für Sie noch unbekanntes Themenfeld
- als Einblick, um zum Thema mitreden zu können.

Die Bücher in elektronischer und gedruckter Form bringen das Expertenwissen von Springer-Fachautoren kompakt zur Darstellung. Sie sind besonders für die Nutzung als eBook auf Tablet-PCs, eBook-Readern und Smartphones geeignet.

Essentials: Wissensbausteine aus den Wirtschafts, Sozial- und Geisteswissenschaften, aus Technik und Naturwissenschaften sowie aus Medizin, Psychologie und Gesundheitsberufen. Von renommierten Autoren aller Springer-Verlagsmarken.

Michael Risch

Arbeitsschutz und Arbeitssicherheit auf Baustellen

Schnelleinstieg für Architekten und Bauingenieure

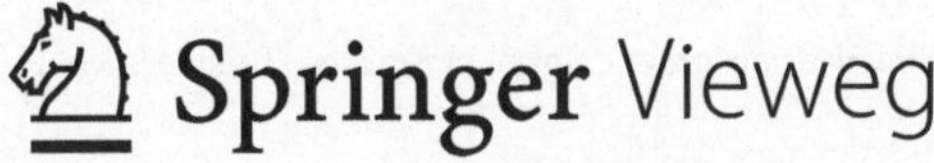

Michael Risch
Ingenieur- und Sachverständigenbüro
Zittau
Deutschland

ISSN 2197-6708 ISSN 2197-6716 (electronic)
essentials
ISBN 978-3-658-12263-8 ISBN 978-3-658-12264-5 (eBook)
DOI 10.1007/978-3-658-12264-5

Die Deutsche Nationalbibliothek verzeichnet diese Publikation in der Deutschen Nationalbibliografie; detaillierte bibliografische Daten sind im Internet über http://dnb.d-nb.de abrufbar.

Springer Vieweg

Gedruckt auf säurefreiem und chlorfrei gebleichtem Papier

Springer Fachmedien Wiesbaden ist Teil der Fachverlagsgruppe Springer Science+Business Media
(www.springer.com)

Was Sie in diesem Essential finden können

- Eine Darstellung der Verantwortlichkeiten der am Bauprozess Beteiligten
- Voraussetzungen für das Erstellen von sicherheitstechnischen Konzepten
- Einen Überblick über die relevanten Rechtsverordnungen, die den Arbeitsschutz und die Sicherheit auf Baustellen betreffen

Inhaltsverzeichnis

Über den Autor

„Als erfahrener Praktiker befasst sich **Michael Risch** seit vielen Jahren mit der Planung und der Bauleitung verschiedenster Projekte. Er ist von der IKH Sachsen öffentlich bestellter und vereidigter Sachverständiger für Arbeitsschutz im Hoch- und Tiefbau, Dozent, Lehrbeauftragter an der Hochschule Zittau/Görlitz und hält Seminare zu den sicherheitstechnischen Themen auf Baustellen."

Einleitung 1

Sicherheit gehört zu den wichtigsten Bedürfnissen der Menschen, sei es in den eigenen vier Wänden, im Arbeitsumfeld oder im öffentlichen Raum. Ein Haus ohne abschließbare Tür oder ein Auto ohne Airbag sind heutzutage undenkbar. Technische Sicherheitsvorrichtungen gehören bei den meisten Produkten zum Standard und werden vom Kunden gefordert. „Objektive Sicherheit ist gegeben, wenn tatsächliche Gefahrensituationen bestmöglich vermieden werden, im Schadensfall weitgehende Sicherheit gewährleistet und das Schadensausmaß im Eintrittsfall weitestgehend reduziert wird." (https://www.bnb-nachhaltigesbauen.de/fileadmin/steckbriefe/verwaltungsgebaeude/neubau/v_2011_1/BNB_BN2011-1_318.pdf)

Auch eine Baustelle muss sicher sein und sie sollte auch bei Nichtfachleuten einen subjektiv guten und sicheren Eindruck erwecken.

Baustellen bergen hohe Risiken, was die Unfallgefahr betrifft. Natürlich kosten Arbeitsschutz oder Arbeitssicherheit Geld. Aber je früher eventuell vorhandene Sicherheitsrisiken und technische Risiken von den Verantwortlichen erkannt, bewertet und weitestgehend reduziert werden, desto kostengünstiger wird eine Leistung gesamtgesellschaftlich betrachtet. Diese wichtige Erkenntnis wird leider oft erst aus Fehlern gewonnen.

Ziel eines jeden Bauherren/Auftraggebers ist es, dass sein Bauauftrag möglichst schnell, in hoher Qualität und preiswert durchgeführt wird. Der Bauunternehmer als Auftragnehmer möchte seine Aufträge effektiv und kostengünstig (bezogen auf den eigenen Aufwand) durchführen und dabei noch Geld verdienen.

Beide Sichtweisen scheinen sich zu widersprechen – sind aber aus der jeweiligen Sicht verständlich und zutreffend. Eine Baustelle/Bauaufgabe wird in der Regel planerisch vorbereitet. Die Aufgabe der am Planungsprozess Beteiligten ist es, frühzeitig mögliche Risiken zu erkennen, zu bewerten und im Prozess zu berücksichtigen. Die gestalterische Freiheit des Entwurfes wird dadurch zu keinem Zeitpunkt eingeschränkt.

© Springer Fachmedien Wiesbaden 2016   1
M. Risch, *Arbeitsschutz und Arbeitssicherheit auf Baustellen,* essentials,
DOI 10.1007/978-3-658-12264-5_1

Das Ziel aller Beteiligten sollte es sein, die Bauaufgaben vorausschauend, verantwortungsvoll und sicher abzuwickeln. Sichere und gesunde Arbeitsbedingungen stehen für sozialen Fortschritt und eine wettbewerbsfähige Wirtschaft (Bundesanstalt für Arbeitsschutz und Arbeitsmedizin 2015).

> **Hinweis** Die nachfolgenden Ausführungen, Betrachtungen und Hinweise werden ausschließlich aus sicherheitstechnischer und bautechnischer Sicht gegeben. Eine juristische Abhandlung oder Wertung ist weder beabsichtigt noch gewollt.

Die in dieser Broschüre benannten Rechtstexte, Vorschriften, Normen usw. sind einer ständiger Veränderung und Anpassung unterworfen. Der Leser ist gehalten, sich aktuell zu informieren. Zum Beispiel bei der:

- Bundesanstalt für Arbeitsschutz und Arbeitsmedizin http://www.baua.de/de/Startseite.html
- Deutschen Gesetzlichen Unfallversicherung http://www.dguv.de/de/index.jsp
- Berufsgenossenschaft der Bauwirtschaft http://www.bgbau.de/

oder

- Versicherungswirtschaft.

Sicherheitsanforderungen für die Erstellung von Bauwerken

2

2.1 Zusammenfassung

Das **„Risiko Baustelle"** ist allgemein bekannt. Jede Entwurfs- oder Planungsaufgabe hat neben dem gestalterischen Anspruch auch eine technische, zeitliche und monetäre Dimension. Die Beachtung oder das Verkennen der technischen und der zeitlichen Dimension entscheidet maßgeblich mit über den Erfolg und die Wirtschaftlichkeit eines Bauwerkes. Dieser Zusammenhang besteht auf jeder noch so kleinen Baustelle. Ohne eine vollständige und abgeschlossene Planung können die Sicherheitsanforderungen an das Bauwerk und an die Bauausführung nicht abschließend bewertet und kalkuliert werden. Dadurch ergeben sich neben Planungs-Ausführungs-, Kosten- und Terminrisiken eventuell auch Sicherheitsrisiken. Eine sichere Bauausführung ist planbar. Sicherheitsrisiken sind nicht akzeptabel.

2.2 Anforderungen und Ziele

Baustellen sind besonders gefahrenträchtige Bereiche. Obwohl das besondere „Risiko Baustelle" bekannt ist, werden die erforderlichen Sicherungs- und Schutzmaßnahmen oft unterschätzt und nicht mit der erforderlichen Konsequenz umgesetzt. Ein Teil des Risikos Baustelle liegt in der Art und Weise des Herstellungsprozesses begründet. Die Fortschritte in der technischen- und in der sicherheitstechnischen Entwicklung der letzte Jahre sind enorm. Trotz allen technischen Fortschritts bleibt der Bauprozess eine stark handwerklich geprägte Tätigkeit. Eine der wesentlichen Zukunftsaufgaben ist das „Bauen im Bestand". Gerade diese Bausparte ist aus sicherheitstechnischer Sicht eine Herausforderung der sich Architekten, Ingenieure und Bauunternehmen stellen müssen.

© Springer Fachmedien Wiesbaden 2016
M. Risch, *Arbeitsschutz und Arbeitssicherheit auf Baustellen*, essentials,
DOI 10.1007/978-3-658-12264-5_2

Während des Entstehungsprozesses von Bauprojekten muss die Verkehrssicherung gewährleistet werden. Bei der Verkehrssicherungspflicht geht es um die Verantwortung für die Vermeidung von Gefahren, die von einer Sache oder einem Sachkomplex ausgehen (Kesselring 2002). Soweit eine der juristischen Definitionen. Diese Feststellung ist unter Beachtung der Paragrafen 823 ff. und 836 ff. BGB für die Projektbeteiligten von besonderer Bedeutung. Sehr vereinfacht könnte man feststellen,

Wer die Gefahr schafft – ist für deren Sicherung verantwortlich.

Bei Bauprojekten können die die Verkehrssicherungspflichten mehrerer Personenkreise treffen. Zum Beispiel die:

- Bauherrn, Auftraggeber
- Unternehmer
- Architekten, Ingenieure, Sachverständige u. a.

Durch diese Personenkreise werden neue bisher nicht bekannt gewesene Gefahrenquellen geschaffen. Damit entsteht möglicherweise ein gefahrenträchtiger Zustand, auf den es angemessen zu reagieren gilt.

2.3 Verantwortung des Bauherren/Auftraggebers

Der Bauherr/Auftraggeber begründet durch seinen Bauwunsch/Auftrag eine mögliche Gefährdung. Dieser Bauwunsch mündet in der Regel in der Eröffnung einer Baustelle. Damit ist er der Veranlasser von Situationen oder Zuständen, die möglicherweise eine Gefährdung darstellen können.

Die Gefährdung kann sich z. B. aus folgenden Tatbeständen ergeben:

- aus dem vorhandenem Grundstück,
- aus dem zur Verfügung gestellten Gebäude,
- aus zur Verfügung gestellten Materialien/Stoffen,
- aus den beauftragten Architekten/Ingenieuren oder Unternehmen,
- usw.

Ein Bauherr/Auftraggeber wird sich nur in Ausnahmefällen mit der Organisation einer Baustelle beschäftigen. Er beauftragt in der Regel Architekten/Ingenieure, eine Vielzahl von Sachverständigen und die Unternehmen. Seine Pflicht ist es, „geeignete und zuverlässige" Auftragnehmer zu beauftragen. Trotz der Auswahl und der Beauftragung von geeigneten Architekten/Ingenieuren und Unternehmern verbleiben beim Bauherren/Auftraggeber einige Aufsichts- und Kontrollpflichten. Sollte er Zweifel an durch Auftragnehmer entstandenen Situationen oder durchgeführten Maßnahmen haben, so muss er seine Bedenken äußern und geeignete Gegenmaßnahmen einleiten. Welche Situationen oder Maßnahmen zu Zweifeln führen können, ist immer eine Einzelfallbetrachtung und kann nicht pauschal beantwortet werden.

2.4 Verantwortung der Unternehmen

Die Unternehmen sind durch eine Fülle von Vorschriften und Regeln verpflichtet, für einen ordnungsgemäßen Ablauf und Betrieb der Baustelle zu sorgen. Vorschriften und Regeln ergeben sich unter anderem aus dem staatlichen Recht, dem Satzungsrecht der Unfallversicherungsträger sowie aus den Bedingungen der Versicherungswirtschaft. Weiterhin können sich Hinweise auch aus Verträgen, Baustellenordnungen, Vorschriften und Regeln der Auftraggeber, Montage-, Hersteller- oder Betriebsvorschriften u. ä. ergeben.

Alle möglicherweise zu beachtenden und einzuhaltenden Vorschriften, Regeln und Hinweise sind in der Regel preis- und ausführungsrelevant. Damit sind die Vorschriften, Regeln und Hinweise auch immer sicherheitsrelevant. Diesen hohen Ansprüchen gilt es gerecht zu werden.

Um die umfangreichen Rahmenbedingungen eines Bauwerkes erkennen und bei der Bauausführung berücksichtigen zu können, muss der Unternehmer dies aus der Ausschreibung/Angebotsaufforderung ersehen können. Siehe z. B. VOB 2012 Teil A § 7 Abs. 1 Ziffer 1:

> **Die Leistung ist eindeutig und so erschöpfend zu beschreiben, dass alle Bewerber die Beschreibung im gleichen Sinne verstehen müssen und ihre Preise sicher und ohne umfangreiche Vorarbeiten berechnen können. (http://dejure.org/gesetze/VOB-A/7.html)**

Nicht alle Auftraggeber/Bauherren wollen oder müssen sich an die VOB 2012 halten. Der Sinn und der Hintergrund des oben zitierten Paragrafen treffen jedoch auf alle Vergabearten zu. Nur wenn dem Unternehmer alle für die sichere Preis- bzw. Angebotskalkulation notwendigen Informationen zur Verfügung stehen, können auch alle Umstände bewertet und berücksichtigt werden. Trotz aller Bemühungen ist dieses Ziel nur schwer erreichbar. Obwohl diese Erkenntnis und deren Auswirkungen allgemein bekannt sind, wird immer wieder versucht, Projekte ohne vollständige Planung und Ausschreibung zu realisieren! Dazu ist im Mai 2015 eine bemerkenswerte Studie der **Hertie School of Governance** „Großprojekte in Deutschland – Zwischen Ambition und Realität" (Kostka 2015) erschienen. In dieser Studie werden die Zusammenhänge zwischen einer noch nicht abgeschlossenen Planung und aus dem Ruder laufenden Kosten besonders deutlich herausgearbeitet.

2.5 Verantwortung der Architekten/Ingenieure

Dass die beteiligten Architekten/Ingenieure Verpflichtungen für die allgemeine Sicherheit auf Baustellen haben, ist unumstritten. Gerichte haben sich dazu ausführlich geäußert. Für die beteiligten Architekten/Ingenieure ergibt sich die Verantwortung aus der Aufgabe selbst. Die zu lösende Planungs- und Bauaufgabe kann unterschiedlich beschrieben sein:

- Aufgabenstellung/Anforderungsbeschreibung,
- Vertrag,
- aus der zu lösenden Aufgabe selbst,
- Anforderungen des staatlichen Rechtes,
- Versicherungsrecht,
- Ortsatzungsrecht,
- Normen und Regeln,
- Herstellerangaben u. a. m.

2.6 Praktische Hinweise

Im Planungs- und im Bauprozess sind eine Vielzahl von sicherheitstechnischen Fragen zu beantworten. Auch wenn die sicherheitstechnischen Fragestellungen im Planungsprozess noch keine Rolle zu spielen (scheinen), können durch die Nichtbeachtung oder Missachtung in der Bauphase ungeahnte Schwierigkeiten auftauchen. Je früher diese Fragen und Probleme erkannt und gelöst werden können, desto sicherer ist das Projekt in seiner Gesamtheit. Das betrifft sowohl die kaufmännischen als auch die technischen Teile des Projektes. In Tab. 2.1 sind einige praktische sicherheitstechnischen Fragestellungen und Hinweise aufgeführt. Diese orientieren sich an den bekannten Leistungsbildern aus der Projektsteuerung und der HOAI Leistungsbild Gebäude und Innenräume.

Tab. 2.1 Beispielhafte Liste von Sicherheitstechnischen Fragen, Anforderungen und Hinweisen (Die Zuordnung erfolgt nach den Leistungsphasen (LPH) der HOAI 2013 und orientiert sich an der Objektplanung.)

LPH	Sicherheitstechnische Fragen, Anforderungen und Hinweise	Beispiele
1	Aus den Ergebnissen der LPH 0	
	Aus der Bedarfsplanung des Auftraggebers	
	Aus dem Bedarf des AG´s	
	Aus (Kostengründen) Wirtschaftlichkeitsgründen	
	Aus Gesetzen, Normen, Vorschriften, Regeln	
	Von Behörden	Geänderte Sichtweise aus Klageverfahren oder Gerichtsurteilen
	Aus Gründen von Zertifizierungen oder Audits	
	Vorgaben des AG z. B. Betriebsnormen, Vorschriften usw.	
	Aus dem Grundstück	Kriegsaltlasten
	Aus vorhandenen Bauwerken, Anlagen	Altlasten aus vormaligen Bebauungen oder Nutzungen
	Aus bauphysikalischen Gründen	
	Aus statischen Gründen	
	Aus geologischen Risiken	
	Risiken aus Altanlagen	
	Von Versicherungen	Sicherheitstechnische Fachinformationen
	Aus dem Betrieb der Anlage	Photovoltaikanlagen
	Aus der Betriebsumgebung	Lage des Bauvorhabens
	Aus Brandschutzgründen	Verwendung von offenem Feuer oder Brennern
	Aus Straßenverkehr	
	Aus Luftverkehr	Aufstellen von Kränen
	Aus Bahnverkehr	Lage von elektrischen Zu- oder Oberleitungen
	Aus der Schifffahrt	Zuangs-, Nutzungs und Baubeschränkungen
	Von den Trägern öffentlicher Belange	Bauvorschriften
	Von den Versorgungsträgern	Interne Bau- und Montagevorschriften
	Aus Ortssatzungen	
	Aus Umweltschutzgründen	
	Aus Naturschutzgründen	Vegetationsperiode, Schonzeiten

Tab. 2.1 (Fortsetzung)

LPH	Sicherheitstechnische Fragen, Anforderungen und Hinweise	Beispiele
	Aus Gründen von Naturereignissen	Hochwasserschutz, Starkregenereignisse
	Aus Gründen des Denkmalschutzes	Erhaltenswerte Anlagen die nicht den heutigen Sicherheitsansprüche und Vorschriften entsprechen
	Aus Gründen der öffentlichen Sicherheit	Lage in schützenswerten Bereichen
	Aus polizeilichen oder militärischen Gründen	Lage in schützenswerten Bereichen
2, 3, 4	Aus den Ergebnissen vorherigen LPH	
	Aus geänderter Rechts- bzw. Vorschriftenlage	
	Aus neuen Erkenntnissen, geänderten Anforderungen	
	Aus Planungen anderer Projektbeteiligter	
	Aus der gewählten Konstruktion, Bauart, Material	
	Aus dem Bauverfahren	
5	Aus den Genehmigungen, Auflagen	
	Aus geänderter Rechts- bzw. Vorschriftenlage	Stand der Normung
	Aus neuen Erkenntnissen, geänderten Anforderungen	Ist die Aufgabenstellung bzw. das Bauziel noch aktuell?
	Aus den Planungen von Auftragnehmern	Ist das Verfahren für diese Baustelle geeignet?
	Aus Montagearbeiten	Können die Hebezeuge sicher aufgestellt werden?
	Aus Transporten	Ist der Transport der Teile möglich?
	Aus Feuerarbeiten	Können Sicherheitsabstände eingehalten werden?
6, 7	Aus den Ergebnissen vorherigen LPH	
	Aus neuen Erkenntnissen, geänderten Anforderungen	Ist die Aufgabenstellung bzw. das Bauziel noch aktuell?
	Aus geänderter Rechts- bzw. Vorschriftenlage	
8	Aus den Ergebnissen der vorherigen LPH	
	Aus neuen Erkenntnissen, geänderten Anforderungen	Ist die Aufgabenstellung bzw. das Bauziel noch aktuell?
	Aus dem bzw. dem geändertem Bauablauf	
	Aus Lage der Baustelle	Ist die Zufahrt tatsächlich möglich?
		Zufahrt von Rettungs- und Versorgungsfahrzeugen?

Tab. 2.1 (Fortsetzung)

LPH	Sicherheitstechnische Fragen, Anforderungen und Hinweise	Beispiele
	Aus Termingründen	Sind zwingende Termine einzuhalten?
	Aus Gründen der Witterung	
	Aus den Vergabeverfahren	
	Aus den Bauverfahren	
	Aus dem Bauablauf	Gerüstbau, Wer hat das Betriebsrisiko nach der Fertigstellung?
		Gerüstbau, Wer hat die Unterhalts- und Instandhaltungspflicht?
	Aus den beauftragten Unternehmen	Sind die Unternehmen geeignet?
	Aus Schadensereignissen	Verkehrssicherungspflicht
	Aus Teilinbetriebnahmen, Teilnutzungen	Zufahrt von Rettungs- und Versorgungsfahrzeugen?

Grundlagen – Vorschriften 3

3.1 Zusammenfassung

Um mögliche Ausführungs- und Sicherheitsrisiken frühzeitig erkennen zu können, muss neben der abgeschlossenen Planung ein ausführbares technisches Konzept vorliegen. Die Beschreibung der technischen Lösung ist die Ausschreibung. Mag die technische Aufgabe und deren Anspruch auch noch so komplex und aufwendig sein, es gibt keinen Grund, die nötigen Sicherheitsaspekte nicht zu berücksichtigen. Die dabei entstehenden finanziellen Aufwendungen dürfen dabei keine Rolle spielen. „Als allgemeiner Grundsatz gilt: der Schuldner hat für seine finanzielle Leistungsfähigkeit einzustehen." (Kesselring 2002) So zu mindestens die Theorie. Natürlich spielen die Kosten immer und meist auch eine entscheidende Rolle. Gerade deshalb sind die möglichen sicherheitstechnischen Risiken frühzeitig, d. h. in der Planung, zu ermitteln. Für die Praxis bedeutet die Aussage, dass für die auszuschreibenden Leistungen „**Gefährdungsbeurteilungen**" zu fertigen sind. Die sicherheitstechnischen Anforderungen, die sich aus der Gefährdungsbeurteilung ergeben, bilden die „sicherheitstechnische" Grundlage für die Ausschreibung. Nur auf der Grundlage einer vollständigen Ausschreibung kann der Unternehmer seine Preise sicher und ohne umfangreiche Vorarbeiten kalkulieren (http://dejure.org/gesetze/VOB-A/7.html).

▶ **Hinweis** Alle in Betracht zu ziehenden Gesetze, Vorschriften und Regeln sind als Mindestanforderungen zu verstehen. Höherwertige Sicherheitsanforderungen sind möglich. Bewusst höhere Risiken einzugehen, ist aus sicherheitstechnischer Sicht nicht akzeptabel.

© Springer Fachmedien Wiesbaden 2016
M. Risch, *Arbeitsschutz und Arbeitssicherheit auf Baustellen,* essentials,
DOI 10.1007/978-3-658-12264-5_3

3.2 Staatliches Recht

Eine vollständige Aufzählung und/oder Betrachtung aller relevanten Rechtsverordnungen und Gesetze ist weder möglich noch sinnvoll. Die nachfolgende unvollständige Aufzählung enthält Auszüge aus Rechtstexten. Zu beachten ist, dass alle Rechtstexte, Vorschriften, Regeln und Hinweise einer ständigen Veränderung und Anpassung unterworfen sind. Alle diesbezüglichen Veröffentlichungen müssen vor der Anwendung auf ihre Gültigkeit geprüft werden. Im Zusammenhang mit der Erarbeitung der Gefährdungsbeurteilungen ist immer eine „bautechnische" Wertung erforderlich. Die Erfahrung zeigt, dass bei jeder sicherheitstechnischen Betrachtung ein Graubereich zwischen „Schwarz und Weiß" existiert Dieser Graubereich lässt in einem gewisser Rahmen individuelle Interpretationen zu. Als oberster Grundsatz bleibt, die Baustelle ist so sicher wie irgend möglich zu gestalten.

3.2.1 Bürgerliches Gesetzbuch – BGB

Die Einordnung und Wertung bleibt Juristen vorbehalten. Aus sicherheitstechnischer/bautechnischer Sicht ist Folgendes zu bemerken:

Ausgehend von den für unsere Betrachtung zutreffenden Paragrafen des BGB befassen sich umfangreiche Rechtstexte mit den Verkehrssicherungspflichten am Bau.

Derjenige, der eine Gefahr schafft, muss geeignete Maßnahmen einleiten, dass einem Dritten kein Schaden entsteht. Das kann im Konkreten z. B. bedeuten:

- dass eine Absperrung auch tatsächlich erstellt wurde,
- dass die in dem Bestandsgebäude/Grundstück liegende Gefahr beachtet wurde.

Jede Baustelle und damit jede potenzielle Gefahrenlage ist unterschiedlich und nicht vergleichbar. Damit ist auch jede Verkehrssicherungspflicht einzeln zu betrachten und geeignete Maßnahmen zur Gefahrenvermeidung zu veranlassen.

3.2.2 Arbeitsschutzgesetz – ArbSchG

Das Arbeitsschutzgesetz regelt die grundlegenden Rechte und Pflichten der Arbeitgeber und Arbeitnehmer. Ziel des Gesetzes ist es, die Sicherheit und den Gesundheitsschutz der Beschäftigten zu sichern und zu verbessern. Das Gesetz ist in seinen Aussagen gegenüber dem Arbeitgeber erschreckend deutlich. Gerade weil es so ist, lohnt es sich, die betreffenden Paragrafen näher anzuschauen.

Arbeitsschutzgesetz – ArbSchG Zweiter Abschnitt – Pflichten der Arbeitgeber

§ 3 Grundpflichten des Arbeitgebers

1. „Der Arbeitgeber ist verpflichtet, die erforderlichen Maßnahmen des Arbeitsschutzes unter Berücksichtigung der Umstände zu treffen, die Sicherheit und Gesundheit der Beschäftigten bei der Arbeit beeinflussen. Er hat die Maßnahmen auf ihre Wirksamkeit zu überprüfen und erforderlichenfalls sich ändernden Gegebenheiten anzupassen. Dabei hat er eine Verbesserung von Sicherheit und Gesundheitsschutz der Beschäftigten anzustreben." (http://www.gesetze-im-internet.de/arbschg/__3.html)

Hinweis Dieser Absatz beschreibt die Verantwortung des Unternehmers recht deutlich. Der Unternehmer kann diese Verantwortung aber nur wahrnehmen, wenn er umfassende Kenntnisse der realen Baustellenbedingungen hat. Im Geltungsbereich der VOB 2012 Teil A müssen diese Kenntnisse aus den Ausschreibungsunterlagen entnommen werden können. Nur so kann der Unternehmer die mit den sicherheitstechnischen Aufwendungen einhergehenden Kosten ermitteln und in die Preise einkalkulieren.

§ 4 Allgemeine Grundsätze

„Der Arbeitgeber hat bei Maßnahmen des Arbeitsschutzes von folgenden allgemeinen Grundsätzen auszugehen:

1. Die Arbeit ist so zu gestalten, dass eine Gefährdung für das Leben sowie die physische und die psychische Gesundheit möglichst vermieden und die verbleibende Gefährdung möglichst gering gehalten wird;
2. Gefahren sind an ihrer Quelle zu bekämpfen;
3. bei den Maßnahmen sind der Stand von Technik, Arbeitsmedizin und Hygiene sowie sonstige gesicherte arbeitswissenschaftliche Erkenntnisse zu berücksichtigen;
4. Maßnahmen sind mit dem Ziel zu planen, Technik, Arbeitsorganisation, sonstige Arbeitsbedingungen, soziale Beziehungen und Einfluss der Umwelt auf den Arbeitsplatz sachgerecht zu verknüpfen;
5. individuelle Schutzmaßnahmen sind nachrangig zu anderen Maßnahmen;
6. spezielle Gefahren für besonders schutzbedürftige Beschäftigtengruppen sind zu berücksichtigen;
7. den Beschäftigten sind geeignete Anweisungen zu erteilen;
8. mittelbar oder unmittelbar geschlechtsspezifisch wirkende Regelungen sind nur zulässig, wenn dies aus biologischen Gründen zwingend geboten ist." (http://www.gesetze-im-internet.de/arbschg/__4.html)

Hinweis Für die Betrachtung von Arbeitsschutz und Arbeitssicherheit auf Baustellen ist dieser Paragraf einer der wichtigsten des Arbeitsschutzgesetzes.

Eigentlich versteht es sich von selbst, dass die Arbeit so zu organisieren ist, dass möglichst keine Gefährdung von ihr ausgeht. Ein Restrisiko verbleibt aber fast immer. Die Anforderung, bei den Maßnahmen des Arbeitsschutzes den **„Stand von Technik, Arbeitsmedizin und Hygiene sowie sonstige gesicherte arbeitswissenschaftliche Erkenntnisse zu berücksichtigen"**, ist eine recht anspruchsvolle Aufgabe. Bei der Betrachtung dieses Punktes kommen dem vorher zitierten § 3 Abs. 1 und der § 7 VOB 2012 Teil A eine noch größere Bedeutung zu.

§ 5 Beurteilung der Arbeitsbedingungen

1. „Der Arbeitgeber hat durch eine Beurteilung der für die Beschäftigten mit ihrer Arbeit verbundenen Gefährdung zu ermitteln, welche Maßnahmen des Arbeitsschutzes erforderlich sind." (http://www.gesetze-im-internet. de/arbschg/__5.html)

Hinweis Die Beurteilung der sich aus der Arbeit möglicherweise ergebenden Gefährdungen gehört zu den wichtigsten Grundpflichten des Unternehmers. Nur wenn dem Unternehmer alle diesbezüglichen Informationen vorliegen, kann er seine Preise „sicher und ohne umfangreiche Vorarbeiten berechnen". Das wiederum bedeutet, dass die Planung und die Ausschreibung vollständig und abgeschlossen sein müssen. Nur wenn das Paket Planung – Ausschreibung vollständig ist, kann der Unternehmer vollständig kalkulieren. Im Ergebnis bekommt der Auftraggeber ein umfassendes Angebot und ist weitestgehend vor Nachträge sicher. Zumindest aus der Sicht des Arbeitsschutzes.

Im Übrigen erstellt jeder Mensch täglich unzählige Gefährdungsbeurteilungen – zum Beispiel beim Überqueren einer stark befahrenen Straße oder bei der Fahrt im Auto unter winterlichen Bedingungen. Von Architekten, Ingenieuren und Unternehmer werden gelegentlich hellseherische Fähigkeiten erwartet!

3.2.3 Betriebssicherheitsverordnung – BetrSichV

Die Betriebssicherheitsverordnung fasst die Arbeitsschutzanforderungen für die Bereitstellung und Benutzung von Arbeitsmitteln sowie den Betrieb überwachungsbedürftiger Anlagen zusammen. Sie beschreibt ein Schutzkonzept, das auf alle Gefährdungen anwendbar ist, die von Arbeitsmitteln und Anlagen ausgehen. Im August 2014 wurde die Neufassung der Betriebssicherheitsverordnung beschlossen. Sie trat zum 01. Juni 2015 in Kraft. Dabei wurde die BetrSichV konzeptionell und strukturell neu gestaltet. Die BetrSichV ist eine flexible Grundvorschrift, die durch technische Regeln konkretisiert wird.

Damit wurden die Voraussetzungen geschaffen, dass staatliche und die berufsgenossenschaftlichen Vorschriften (fast) widerspruchsfrei handhabbar sind.

Jedes Gesetz und jede Verordnung bedarf eine Präzisierung und Erläuterung. Dafür wurde das System der „Technischen Regeln für Betriebssicherheit (TRBS)" geschaffen. Diese Regeln konkretisieren die Betriebssicherheitsverordnung hinsichtlich der Ermittlung und Bewertung von Gefährdungen sowie der Ableitung von geeigneten Maßnahmen. Die TRBS geben dem Unternehmer Hilfestellung für die durchzuführende Gefährdungsbeurteilung. Auf dem Portal der BAUA sind gegenwärtig 41 TRBS bzw. Bekanntmachungen nachlesbar (http://www.baua.de/de/Themen-von-A-Z/Anlagen-und-Betriebssicherheit/Anlagen-und-Betriebssicherheit.html). Die Regeln gliedern sich in folgende Teilbereiche:

- Technisch Regeln für Betriebssicherheit – TRBS
- Technische Regeln zur Lärm- und Vibrations-Arbeitsschutzverordnung (TRLV)
- Technische Regeln zur Arbeitsschutzverordnung zu künstlicher optischer Strahlung (TROS)

Nachfolgend werden einige, aus meiner Sicht wichtige, TRBS erläutert. Die jeweils vollständigen und aktuellen Texte sind auf den benannten Seiten nachzulesen (http://www.baua.de/de/Themen-von-A-Z/Anlagen-und-Betriebssicherheit/TRBS/TRBS.html).

- **TRBS 1111 Gefährdungsbeurteilung und sicherheitstechnische Bewertung**
  Diese Technische Regel beschreibt die Vorgehensweise zur Ermittlung und Bewertung von Gefährdungen. Daraus können die notwendigen Maßnahmen für die Bereitstellung von Arbeitsmitteln, die Benutzung von Arbeitsmitteln und das Betreiben überwachungsbedürftiger Anlagen abgeleitet werden. Das Kernelement für die sicherheitstechnische Bewertung ist die Gefährdungsbeurteilung. Diese ist nach den Regeln des Arbeitsschutzgesetzes und der Betriebssicherheitsverordnung zu erstellen. Erst wenn die Gefährdungsbeurteilung vorliegt, kann eine sicherheitstechnische Bewertung vorgenommen werden. Dabei spielt es keine Rolle, wer die Gefährdungsbeurteilung erstellt (erstellen muss).

- **TRBS 1151 Gefährdungen an der Schnittstelle Mensch – Arbeitsmittel – ergonomische und menschliche Faktoren, Arbeitssystem**
  Auch diese Regel beschäftigt sich mit der Gefährdungsbeurteilung. Hier wird der Fokus jedoch auf die Schnittstelle Mensch und Arbeitsmittel und die sich daraus ergebenden Fragestellungen und Konsequenzen gelegt. Insofern liegt der Anwendungsbereich für diese TRBS eher im gewerblichen Bereich. Aber – um die Beurteilung der Situation vornehmen zu können, muss den Unternehmen eine vollständige Ausschreibung vorliegen (siehe VOB 2012 Teil A § 7).

- **TRBS 2111 Mechanische Gefährdungen – Allgemeine Anforderungen**
  Baustellen bergen viele mechanische Gefährdungen. Dabei kann es sich um Folgendes handeln: kontrolliert oder unkontrolliert bewegte Teile, gefährliche Oberflächen, Sturz, Ausrutschen, Stolpern, Transport von Lasten, die Verwendung mobiler Arbeitsmittel usw. Die TRBS beschäftigt sich nicht mit den Gefährdungen von Personen durch Absturz. Diese Gefährdung wird in der TRBS 2121 geregelt.

- **TRBS 2121 Gefährdung von Personen durch Absturz – Allgemeine Anforderungen**
  Aus bautechnischer Sicht ist diese TRBS sehr wichtig! Diese Technische Regel gilt für die Ermittlung und Bewertung von Gefährdungen, die durch Absturz von Personen bei der Bereitstellung und Benutzung von Arbeitsmitteln oder beim Betrieb überwachungsbedürftiger Anlagen entstehen können. Sie benennt beispielhaft Maßnahmen, die zum Schutz von Personen bei Tätigkeiten im Gefahrenbereich angewendet werden können. Diese Technische Regel beschreiben die übergeordneten Zusammenhänge und Vorgehensweisen für das Gefahrenfeld Absturz von Personen. Auch hier ist darauf hinzuweisen, dass Absturzgefährdungen während der Erstellung des Bauwerkes als auch bei der Wartung und Instandhaltung in vielfältiger Art vorhanden sind. Deshalb sind die sich möglicherweise daraus ergebenden Gefahren in der Planung, in der Bauleitung und im laufenden Betrieb zu beachten.

- **TRBS 2152 Gefährliche explosionsfähige Atmosphäre – Allgemeines**
  Diese geänderte TRBS ist eine Auswirkung der geänderten Betriebssicherheitsverordnung. Enthalten ist sowohl ein Technische Regel für Betriebssicherheit (TRBS) und eine Regel für Gefahrstoffe (TRGS).
  Diese Technische Regel gilt für die Beurteilung der Explosionsgefährdungen durch Stoffe, die gefährliche explosionsfähige Atmosphäre bilden können und für die Auswahl und Durchführung geeigneter Schutzmaßnahmen. In dieser Technischen Regel beschriebene Hinweise verweisen auf besondere Umstände, die einer sorgfältigen Betrachtung durch den Arbeitgeber/Betreiber bedürfen.

Das wiederum bedeutet, die besonderen Umstände sind in der Planung zu ermitteln und zu berücksichtigen.

- **TRBS 2181 Schutz vor Gefährdungen beim Eingeschlossensein in Personenaufnahmemitteln**
Diese Technische Regel gilt für die Ermittlung und Bewertung von Gefährdungen, die durch das Eingeschlossensein von Personen bei der Benutzung oder dem Betrieb von Personenaufnahmemitteln entstehen. Sie nennt beispielhaft Maßnahmen, die zum Schutz von Personen im Gefahrenbereich angewendet werden können. Hierzu zählen auch Kombinationen von Personen- und Lastaufnahmemitteln, zum Beispiel:
- Fahrkörbe von Aufzügen,
- Fassadenbefahranlagen,
- hochgelegene Bedienplätze von Maschinen/Anlagen,
- Arbeitskörbe von Hubarbeitsbühnen,
- hochziehbare Arbeitsbühnen, -sitze,
- Siloeinfahreinrichtungen,
- Betonkübel mit Standplatz,
- Fertigteiltraversen mit Arbeitskörben.

Die Erarbeitung der Gefährdungsbeurteilung muss alle Betriebsphasen umfassen. Hierzu gehören die Erprobung, Ingangsetzung, Stillsetzung, Instandsetzung und Wartung, Prüfung, Sicherheitsmaßnahmen bei Betriebsstörung, Auf-, Um- und Abbau (Montage), Transport, Gebrauch bzw. Betrieb. Auch hier ist wieder erkennbar, dass die Erkenntnisse aus der Gefährdungsbeurteilung sowohl planungsrelevant, ausführungsrelevant und auch wartungsrelevant sind oder sein können.

3.2.4   Arbeitsstättenverordnung – ArbstättV

Die Arbeitsstättenverordnung legt die grundsätzlichen Anforderungen in Bezug auf die Sicherheit und den Gesundheitsschutz in Arbeitsstätten fest. Die Verordnung besteht aus einem allgemeinen Teil, der die Rahmenvorschriften enthält, sowie Anhängen mit speziellen Bestimmungen. Durch den Autor wurde festgestellt, dass diese Anhänge sehr unterschiedlich wahr- bzw. aufgenommen werden. Viele Unternehmen empfinden die Regelungen als zu detailliert. Anderen Unternehmern sind die Regeln nicht präzise genug! Es gibt kein Patentrezept. Das wichtige Instrument ist hier auch die Gefährdungsbeurteilung. Auf dem Portal der BAUA sind gegenwärtig 18 „Technischen Regeln für Arbeitsstätten (ASR)" nachlesbar (http://www.baua.de/de/Themen-von-A-Z/Arbeitsstaetten/ASR/ASR.html).

Die geltenden ASR´s unterliegen einer ständigen Anpassung und Weiterentwicklung. Der Leser ist gehalten sich jeweils über den derzeitig aktuellen Stand zu informieren. Einige der ASR´s wurden überarbeitet, zu anderen ASR´s gibt es mehrere Änderungen.

Beispielhaft werden nachfolgend das System und die Besonderheiten am Beispiel der ASR A2.1 Schutz vor Absturz und herabfallenden Gegenständen, Betreten von Gefahrenbereichen vorgestellt.

- **ASR A2.1 Schutz vor Absturz und herabfallenden Gegenständen, Betreten von Gefahrenbereichen**
  Zu dieser ASR gib es inzwischen die erste und die zweite Änderung. und die zweite Ergänzung. Um die ASR vollständig erfassen zu können, müssen alle Teile, d. h. die Vorschrift selbst und die Ergänzungen, beachtet werden. Bei dieser ASR wiederum ist es so, dass die erste Ergänzung durch die zweite Ergänzung irrelevant geworden ist.
  Das wesentlichste Element in der ASR ist auch hier die **Gefährdungsbeurteilung**. Die aus der Gefährdungsbeurteilung abzuleitenden Maßnahmen sind zum Teil sehr detailliert beschrieben. Die wesentlichsten Beurteilungskriterien sind:
  - Absturzhöhe,
  - Art, Dauer der Tätigkeit, körperliche Belastung,
  - Abstand von der Absturzkante,
  - Beschaffenheit des Standplatzes und der Standfläche,
  - Beschaffenheit der tiefer gelegenen Fläche,
  - Beschaffenheit der Arbeitsumgebung und gefährdende äußere Einflüsse.

▶ **Hinweis** Um die möglichen Auswirkungen auf die Einzelpreise berücksichtigen zu können, muss dem Unternehmer/Bieter eine vollständige Ausschreibung gemäß VOB 2012 Teil A § 7 vorliegen. Das wiederum bedeutet, dass die sicherheitstechnische Beurteilung bereits in der Planung erfolgen muss und ihren Niederschlag in der Ausschreibung findet.

Die vollständige Planung und Berücksichtigung dieser Aspekte in der Planung ist recht anspruchsvoll. Die ASR´s gelten für alle Bereich der gewerblichen Tätigkeiten. Wie dem Leser bekannt ist, sind Baustellen keine normalen Arbeitsstätten. Das wurde bei der Erarbeitung der ASR´s berücksichtigt. So gibt es in vielen ASR´s einen Abschnitt **Abweichende/ergänzende Anforderungen für Baustellen**. Hier ist es der Abschn. 8. Bitte verstehen Sie den Abschnitt nicht falsch. Das sind keine Erleichterungen, sondern besonders zu beachtende Regeln für Baustellen.

▶ **Hinweis** Durch die zum Teil sehr detaillierten Arbeitsstättenregeln sind einige der im berufsgenossenschaftlichen Satzungsrecht enthaltenen Regen überholt. Deshalb sind die derzeitig geltenden Berufsgenossenschaftlichen Vorschriften und Regeln immer am staatlichen Recht zu prüfen.

3.2.5 Baustellenverordnung – BaustellV

Attraktive und sichere Arbeitsbedingungen in einer leistungsfähigen Bauwirtschaft nutzen uns allen. Die Bauwirtschaft gestaltet unsere Lebensräume, erstellt und erhält unsere Infrastrukturen. Sie trägt auch maßgeblich zur Erhaltung des kulturellen Erbes und zur Umsetzung energiepolitischer Ziele bei. Bauen ist im Wesentlichen ortsgebunden (http://www.baua.de/de/Themen-von-A-Z/Baustellen/Baustellen.html).

Die allgemeinen Vorurteile und die tatsächlichen Zustände auf Baustellen sind dem fachkundigen Leser bekannt. Diesbezüglich ist jede Baustelle eine Herausforderung. Die Verordnung selbst beschreibt bzw. fordert einen aktiven Umgang mit den Fragen der Sicherheit auf Baustellen. Sicherheit kostet Geld. Da Bauen im Allgemeinen teuer ist, wird diese Erkenntnis gelegentlich zum Anlass genommen, sparsam mit der Sicherheit auf Baustellen umzugehen. Das ist unter keinen Umständen akzeptabel.

Dieses wiederum bedeutet, dass jede Baustelle bereits in der Planung einer sicherheitstechnische Betrachtung zu unterziehen ist. Die sicherheitstechnische Planung ist in der Bauausführung zu kontrollieren und sofern erforderlich anzupassen. Die Baustellenverordnung beschreibt lediglich die sicherheitstechnischen Ziele. Die Regeln zum Arbeitsschutz auf Baustellen (RAB) geben den Stand der Technik bezüglich Sicherheit und Gesundheitsschutz auf Baustellen wieder. Für den Praktiker können die RAB´s eine Hilfestellung bzw. eine Handlungsanleitung darstellen.

Nachfolgend sind die Kerninhalte der RAB´s beschrieben.

- **RAB 01 Gegenstand, Zustandekommen, Aufbau, Anwendung und Wirksamwerden**
  In dieser RAB sind die im Titel beschriebenen Grundsätze ausformuliert.
- **RAB 10 Begriffsbestimmungen (Konkretisierung von Begriffen der BaustellV)**
  Diese RAB hilft bei der Begriffsdefinition und bei der Konkretisierung der Begriffe.

- **RAB 25 Arbeiten in Druckluft (Konkretisierungen zur Druckluftverordnung)**

  Arbeiten in Druckluft sind sehr spezielle Arbeiten gemäß Druckluftverordnung. Derartige Arbeiten können nur vom speziell geschultem Personal geplant und begleitet werden. Die RAB 25 beschreibt sicherheitstechnische Orientierungen für die Planung, Ausschreibung, Kalkulation und Überwachung für Arbeiten bei einem Arbeitsdruck über 2,0 bar. Des Weiteren sind mögliche Zulassungen von Ausnahmen und Nachweisverfahren beschrieben.

- **RAB 30 Geeigneter Koordinator (Konkretisierung zu § 3 BaustellV)**

  In der Verordnung über Sicherheit und Gesundheitsschutz auf Baustellen wird gefordert, dass der Auftraggeber/Bauherr einen geeigneten Koordinator bestellt. In der RAB 30 wird die für eine Tätigkeit als Koordinator erforderliche Qualifikation und seine Aufgaben beschrieben. Die Qualifikationen sind in den Anlagen A–E (D) näher beschrieben. (Die Anlage D bezieht sich auf die Anforderungen, die an Lehrgangsträger gestellt werden.)

  Oft verlangen Auftraggeber und vor allem die Haftpflichtversicherer, dass Koordinatoren ihre Qualifikation nachweisen. Neben einer baufachlichen Ausbildung und einer erheblichen Erfahrung auf Baustellen gehört eine theoretische Ausbildung dazu. Diese kann dadurch erworben werden, dass Seminare oder Lehrgänge besucht werden, die auf den Anforderungen der RAB 30 basieren.

- **RAB 31 Sicherheits- und Gesundheitsschutzplan – SiGePlan**

  Das Kernstück der Verordnung über Sicherheit und Gesundheitsschutz auf Baustellen ist der **Sicherheits- und Gesundheitsschutzplan (SiGe-Plan)**. Dieser Plan wird im § 2 Abs. 3 der Verordnung selbst nur sehr knapp beschrieben. Der Plan muss erkennen lassen:
  - die für die Baustelle anzuwendende Arbeitsschutzbestimmungen
  - und die besonderen Maßnahmen für besonders gefährliche Arbeiten.
  - Erforderlichenfalls sind betriebliche Tätigkeiten auf dem Gelände zu berücksichtigen.

Da diese Beschreibung sehr knapp und interpretationsfähig ist, wurden in der RAB 31 folgende Mindestanforderungen bzw. Grundelemente beschrieben:

- **Arbeitsabläufe**

  Aus den Arbeitsabläufen und unter Berücksichtigung der räumlichen und zeitlichen Zuordnungen können von erfahrenen Sicherheitskoordinatoren die möglichen Gefährdungen herausgearbeitet werden.

- **Gefährdungen**

  Die Koordinatoren erarbeiten aus dem vorstehenden Punkt eine Gefährdungsbeurteilung des geplanten Ablaufes.

- **Räumliche und zeitliche Zuordnung der Arbeitsabläufe**
  Aus dem Ablauf und der räumliche und zeitliche Zuordnung ergeben sich bestimmte Gefährdungsszenarien. Diese sind zu bewerten.
- **Maßnahmen zur Vermeidung bzw. Minimierung von Gefährdungen**
  Der Regelkreis zur Gefährdungsermittlung ist so lange zu wiederholen bis die Gefährdung verschwunden ist oder auf ein akzeptables Maß herabgesunken ist.
- **Arbeitsschutzbestimmungen**
  Der Arbeitsablauf in Verbindung mit seiner räumlichen und zeitlichen Zuordnung basiert auf der Einhaltung der geltenden Gesetze, Verordnungen und Regeln. Dabei wird davon ausgegangen, dass die verbleibende Gefährdung möglichst gering ist. Die betreffenden Arbeitsschutzbestimmungen (nur die besonderen) sind im Plan aufzuführen.

▶ **Hinweis** Bitte stellen Sie sich die Frage, für wen der SiGe-Plan erarbeitet wird? Natürlich ist der Plan für den Auftraggeber erarbeitet worden, aber in erster Linie ist der Plan ein Arbeitsmittel für das Leitungspersonal auf der Baustelle. Das wiederum bedeutet, dass der Plan aussagekräftig, übersichtlich und nur so umfangreich wie unbedingt nötig sein sollte. Weniger ist an dieser Stelle mehr.

- **RAB 32 Unterlage für spätere Arbeiten (Konkretisierung zu § 3 Abs. 2 Nr. 3 BaustellV)**
  Jedes Bauwerk bedarf der Wartung, Pflege, Instandhaltung und Reparatur. Die in der Verordnung über Sicherheit und Gesundheitsschutz auf Baustellen geforderte **Unterlage für mögliche spätere Arbeiten an der baulichen Anlage** ist ebenfalls nur sehr knapp beschrieben. Sinn dieser Unterlage ist es, dass Bauwerk so zu entwerfen und zu errichten, dass die Wartung, Pflege, Instandhaltung und die Reparaturen so sicher wie möglich ausgeführt werden kann. Das betrifft fast alle Teile des Gebäudes. Dieser Anspruch kann nur erfüllt werden, wenn die notwendigen späteren Arbeiten bereits in der Planungsphase berücksichtigt wurden. Nur zu diesem sehr frühen Zeitpunkt können Wartungseinrichtungen/ technische Anlagen kostengünstig geplant und errichtet werden. Ein Bauwerk was sich nicht oder nur eingeschränkt warten und instand halten lässt, ist nach der Meinung von Juristen ein Haftungstatbestand.
- **RAB 33 Allgemeine Grundsätze nach § 4 des Arbeitsschutzgesetzes bei Anwendung der Baustellenverordnung**
  Diese RAB hebt die besondere Bedeutung des § 4 Arbeitsschutzgesetz **Allgemeinen Grundsätze** nochmals besonders hervor. Die RAB hilft die unbedingt

einzuhaltenden Grundsätze in der Planungsphase und in der Phase der Bauausführung einzuordnen und zu berücksichtigen zu helfen.

Der Kernsatz aus dem Arbeitsschutzgesetz § 4 ist bei der Planung und bei der Errichtung eines Gebäudes konsequent zu berücksichtigen:

– „Die Arbeit ist so zu gestalten, dass eine Gefährdung für Leben und Gesundheit möglichst vermieden und die verbleibende Gefährdung gering gehalten wird."

3.2.6   Gefahrstoffverordnung – GefStoffV

Die neue Gefahrstoffverordnung (GefStoffV, http://www.baua.de/de/Themen-von-A-Z/Gefahrstoffe/Rechtstexte/Gefahrstoffverordnung.html) trat am 01.06.2015 gemeinsam mit der Betriebssicherheitsverordnung (BetrSichV) in Kraft. Die Verordnung regelt die Schutzmaßnahmen für Beschäftigte bei Tätigkeiten mit Gefahrstoffen und konkretisiert in diesem Punkt das Chemikaliengesetz.

Auch auf Baustellen wird mit Gefahrstoffen umgegangen. Um dabei Sicherheit und Gesundheit der Mitarbeiter und die Umwelt zu schützen, wurde ein umfangreiches rechtliches Regelwerk entwickelt. Die **Technischen Regeln für Gefahrstoffe (TRGS)** geben diesen Stand der Technik, Arbeitsmedizin und Arbeitshygiene sowie sonstige gesicherte arbeitswissenschaftliche Erkenntnisse für Tätigkeiten mit Gefahrstoffen wieder (siehe § 4 ArbSchG).

Für die Tätigkeiten mit Gefahrstoffen ist gemäß § 6 der Gefahrstoffverordnung eine Gefährdungsbeurteilung zu erarbeiten. Bei der Gefährdungsbeurteilung ist zu ermitteln, ob Beschäftigte mit Gefahrstoffen arbeiten oder ob solche bei der Arbeit entstehen oder freigesetzt werden können.

Die aktuellen Baustoffe sind weitestgehend frei von Gefahrstoffen, zumindest nach dem heutigen Erkenntnisstand. **Jedoch beim Bauen im Bestand ist mit dem Vorkommen von Gefahrstoffen zu rechnen.** Viele der Stoffe, die wir heute als Gefahrstoffe bezeichnen z. B. Asbestzement, waren zur Zeit ihrer Einführung hochmoderne Baustoffe. Das wiederum bedeutet, dass beim Bauen im Bestand eine intensive Erkundung der vorhandenen Substanz erfolgen muss.

Auf dem Portal der BAUA sind gegenwärtig 81 TRGS bzw. Bekanntmachungen nachlesbar (http://www.baua.de/de/Themen-von-A-Z/Gefahrstoffe/TRGS/TRGS.html). Nachfolgend werden einige, aus meiner Sicht wichtige, TRGS erläutert. Die jeweils vollständigen und aktuellen Texte sind auf den benannten Seiten nachzulesen.

- **TRGS 400 Gefährdungsbeurteilung für Tätigkeiten mit Gefahrstoffen**
  Die TRGS beschreibt Vorgehensweisen zur Informationsermittlung und Gefährdungsbeurteilung nach § 6 GefStoffV. Sie bindet die Vorgaben der GefStoffV in den durch das Arbeitsschutzgesetz (§§ 5 und 6 ArbSchG) vorgegebenen Rahmen ein. Diese TRGS wird durch eine Reihe anderer Vorschriften ergänzt. Die TRGS 400 ermöglicht auch ein vereinfachtes Vorgehen bei der Gefährdungsbeurteilung, wenn für eine Tätigkeit mit Gefahrstoffen Maßnahmen als standardisierte Arbeitsverfahren zur Verfügung stehen.
- **TRGS 519 Asbest: Abbruch-, Sanierungs- oder Instandhaltungsarbeiten**
  Die TRGS 519 gilt zum Schutz der Beschäftigten und anderer Personen bei Tätigkeiten mit Asbest und asbesthaltigen Materialien bei Abbruch-, Sanierungs- oder Instandhaltungsarbeiten (ASI-Arbeiten) und bei der Abfallbeseitigung. Diese TRGS konkretisiert die allgemeinen Anforderungen zum Schutz der Beschäftigten und anderer Personen nach der Gefahrstoffverordnung. Die ausführlichen Begriffsdefinitionen helfen beim Verständnis und bei der Einordnung der auszuführenden Arbeiten.
  Durch Tätigkeiten mit Asbest bzw. asbesthaltigen Materialien ist in der Regel ein Gefährdungspotenzial vorhanden. Wird bei der Gefährdungsbeurteilung festgestellt, dass andere Personen möglicherweise gefährdet werden, muss ein Koordinator nach Nr. 2.7 der TRGS bestellt werden.

> ▶ **Hinweis** Der Koordinator nach TRGS 519 hat nichts mit dem Koordinator nach Verordnung über Sicherheit und Gesundheitsschutz auf Baustellen zu tun! Die Koordination kann von ein und derselben Person erbracht werden, sofern die Person über die entsprechenden Ausbildungen und Qualifikationen verfügt.

Abbruch- und Sanierungsarbeiten an schwach gebundenen Asbestprodukten dürfen nur von Fachbetrieben durchgeführt werden, die von der zuständigen Behörde zur Durchführung dieser Arbeiten zugelassen worden sind. Der zuständigen Behörde ist die Tätigkeit mit asbesthaltigen Materialien spätestens sieben Tage vor Beginn der Arbeiten anzuzeigen. Der Arbeitsbeginn ist dem zuständigen Träger der gesetzlichen Unfallversicherung ebenfalls anzuzeigen.

Das bedeutet Arbeiten mit Asbest bzw. asbesthaltigen Materialien ist eine Sache von Spezialisten. Das betrifft sowohl die Erkundung, Planung, Überwachung, Entsorgung und die Erfolgskontrolle. Auch an dieser Stelle ist wiederholt darauf hinzuweisen, dass eine sorgfältige Bestandserkundung die Voraussetzung für eine vollständige Planung und Ausschreibung ist. Siehe VOB 2012 Teil A § 7.

- **TRGS 521 Abbruch-, Sanierungs- und Instandhaltungsarbeiten mit alter Mineralwolle**

  Die TRGS 521 gilt zum Schutz der Beschäftigten und anderer Personen bei Abbruch, Sanierungs- und Instandhaltungsarbeiten mit alter Mineralwolle (siehe Nr. 2.3), bei denen als krebserzeugend eingestufte Faserstäube freigesetzt werden. Diese TRGS beschreibt Schutzmaßnahmen, die bei Abbruch, Sanierungs- und Instandhaltungsarbeiten mit alter Mineralwolle ergriffen werden müssen. Sie gibt dem Arbeitgeber eine Hilfestellung bei der Festlegung der Schutzmaßnahmen. Festzustellen, ob es sich um „alte" oder „neue" Mineralwolle handelt, ist wenigen Spezialisten vorbehalten. Im Zweifelsfalle ist davon auszugehen, dass es sich um „alte" Mineralwolle handelt und damit höhere Schutzmaßnahmen einzuhalten sind. Für „alte" Mineralwolle gilt ein Herstellungs-, Inverkehrbringungs- und Verwendungsverbot. Das bedeutet, dass einmal ausgebaute „alte" Mineralwolle zu entsorgen ist und nicht wieder eingebaut werden darf. Auch hier eine sorgfältige Bestandserkundung die Voraussetzung für eine vollständige Planung und Ausschreibung. Siehe VOB 2012 Teil A § 7.

- **TRGS 524 Schutzmaßnahmen bei Tätigkeiten in kontaminierten Bereichen**

  Diese TRGS gilt für Arbeiten in kontaminierten Bereichen einschließlich Vor- und Nacharbeiten. Sie konkretisiert u. a. die in § 7 Gefahrstoffverordnung (GefStoffV) Methodik zur Gefährdungsbeurteilung für Tätigkeiten in kontaminierten Bereichen und stellt **Grundanforderungen** an die Auswahl der Schutzmaßnahmen. Branchen- oder tätigkeitsspezifische Lösungen. Damit ist unter anderem auch die DGUV-Regel 101-004 (BGR 128) gemeint. Arbeiten in kontaminierten Bereichen umfassen im Sinne dieser TRGS alle Tätigkeiten in kontaminierten Bereichen, die bei der Herstellung, Instandhaltung, Änderung und Beseitigung von baulichen Anlagen einschließlich der hierfür vorbereitenden, begleitenden und abschließenden Arbeiten auszuführen sind.

Aus diesen aufgeführten Arbeiten ist erkennbar, dass diese TRGS beim **Bauen im Bestand** zwingend anzuwenden ist. Gemäß § 7 Abs. 1 Satz 2 GefStoffV dürfen Arbeiten in kontaminierten Bereichen nicht begonnen werden, bevor die Gefährdungsbeurteilung vorliegt. Da die mögliche Gefahrstoffbelastung in den seltensten Fällen bekannt ist, führt auch unter diesem Blickwinkel kein Weg an einer gewissenhaften Bestandserkundung vorbei. Im Punkt 3 dieser TRGS gibt es den deutlichen Hinweis, dass der Auftraggeber verpflichte ist, die Erarbeitung der Gefährdungsbeurteilung zu unterstützen.

- **TRGS 720 Gefährliche explosionsfähige Atmosphäre – Allgemeines**
  Diese TRGS ist eine Auswirkung der geänderten Betriebssicherheitsverordnung. Enthalten ist sowohl ein Technische Regel für Betriebssicherheit (TRBS) und eine Regel für Gefahrstoffe (TRGS).
  Die TRBS 720 gilt für die Beurteilung der Explosionsgefährdungen durch Stoffe, die gefährliche explosionsfähige Atmosphäre bilden können und für die Auswahl und Durchführung geeigneter Schutzmaßnahmen. Im Text werden die besonderen Umstände beschrieben, die der vertieften Behandlung durch den Arbeitgeber/Betreiber bedürfen. Die Ergebnisse dieser Betrachtung führen zu einer Gefährdungsbeurteilung und unter Umständen zu einem Explosionsschutzdokument. Diese Dokumente müssen den Architekten und Ingenieuren durch den Auftraggeber übergeben werden. Im Entwurf- und im Planungsprozess sind diese Dokumente zu berücksichtigen.
- **TRBS 2152 Gefährliche explosionsfähige Atmosphäre – Allgemeines**
  Diese geänderte TRBS ist eine Auswirkung der geänderten Betriebssicherheitsverordnung. Enthalten ist sowohl ein Technische Regel für Betriebssicherheit (TRBS) als auch eine Regel für Gefahrstoffe (TRGS).
  Im Rahmen seiner Verpflichtung nach § 5 ArbSchG hat der Arbeitgeber die Gefährdung seiner Beschäftigten durch Explosionen zu ermitteln, zu beurteilen und die notwendigen Schutzmaßnahmen abzuleiten. Dabei sind die zu beachtenden Gesichtspunkte in der TRGS ausführlich beschrieben und dort nachzulesen (http://www.baua.de/de/Themen-von-A-Z/Anlagen-und-Betriebssicherheit/TRBS/pdf/TRBS-2152.pdf;jsessionid=8AC544B25FDED3C5C7347534B1E380DD.1_cid353?__blob=publicationFile&v=3).
  Die Erarbeitung derartiger Gefährdungsbeurteilungen sowie der Explosionsschutzdokumente bleibt Spezialisten vorbehalten. In den Bereichen, in denen möglicherweise mit einer Explosionsgefährdenden Atmosphäre zu rechnen ist, müssen Explosionsschutzdokumente existieren. Diese Dokumente müssen den Architekten und Ingenieuren durch den Auftraggeber übergeben werden. Im Entwurf- und im Planungsprozess sind diese Dokumente zu berücksichtigen.

Siehe auch Betriebssicherheitsverordnung, TRBS Punkt 4.2.3.

Bei meiner Betrachtung, liegt der Schwerpunkt im Bereich der möglicherweise in den Bestandsbauten vorhandenen Stoffe. Zu beachten ist neben dem Gebäude selbst, der Baugrund, die technische Infrastruktur und die eventuell noch vorhandene Produktionstechnik und Restmaterialien.

Die hier beschriebenen technischen Regeln bilden das Grundgerüst für Arbeiten in möglicherweise Gefahrstoffbelasteten Bereichen. Detaillierte Handlungsanleitungen finden Sie z. B. in der **VDI/GVSS 6202 Blatt 1:2013-10 Schadstoffbelastete bauliche und technische Anlagen; Abbruch-, Sanierungs-und Instandhaltungsarbeiten. Berlin: Beuth Verlag** (VDI, 2015). Auf das Blatt 1 der VDI wird im Abschn. 3.5 dieses Buches näher eingegangen. Das Blatt 2 der VDI 6202 wird voraussichtlich „Anforderungen an weitere Personen" beschreiben. Die Einhaltung der Anforderungen dieser Richtlinie setzt eine hohe Qualifikation und Berufserfahrung aller beteiligten Personen voraus. Für die Sanierungsplaner/Schadstoffgutachter, die Koordinatoren und die leitenden Mitarbeiter im Sanierungsfachbetrieb werden zusätzliche Qualifikationen erforderlich. Das Blatt 2 der VDI 6202 wird voraussichtlich im Jahre 2016 erscheinen.

3.3 Berufsgenossenschaftliches Satzungsrecht

Die gewerblichen Berufsgenossenschaften sind als Versicherung gegen Unfallgefahren der Mitgliedbetriebe eine der Säulen im Sozialversicherungssystem. Sie fördern Arbeitssicherheit und Gesundheitsschutz im Betrieb und am Arbeitsplatz. Mit dem im Siebten Buch Sozialgesetzbuch § 14 verankerten Präventionsauftrag haben sie das Recht, Unfallverhütungsvorschriften zu erlassen (http://www.gesetze-im-internet.de/sgb_7/__15.html).

Im Vorschriften- und Regelwerk der Deutschen Gesetzlichen Unfallversicherung (DGUV) existieren mit den vier Kategorien: DGUV-Vorschriften, DGUV-Regeln, DGUV-Informationen und DGUV-Grundsätze. Die Fachbereiche der DGUV haben die wichtige Aufgabe, das Vorschriften- und Regelwerk auf dem aktuellen Stand der Technik, Arbeitsmedizin und Rechtsprechung zu halten. Es ist dabei sehr vielfältig, um allen Branchen Lösungen anbieten zu können (Deutsche Gesetzliche Unfallversicherung 2015a).

▶ **Hinweis** Am 01.05.2014 haben sich die Systematik und die Nummerierung des Berufsgenossenschaftlichen Regelwerks geändert. Eine ständig aktualisierte Darstellung der bisherigen und neuen Nummern können Sie auf den Seiten der DGUV hinterlegten Übersichtsliste einsehen (http://publikationen.dguv.de/dguv/udt_dguv_main.aspx?DCXPARTID=10005).

   Weitere Veränderungen sind geplant. Ein Teil der gewohnten Vorschriften soll zurückgezogen werden. Damit verschiebt sich, nach Ansicht des Autors, der Fokus voraussichtlich mehr auf das staatliche Regelwerk.

Aus zwei derzeit wichtigsten Vorschriften werden nachfolgend Auszüge erläutert:

3.3.1 Grundsätze der Prävention DGUV Vorschrift 1 (ehem. BGV A1)

Diese DGUV Vorschrift detailliert und präzisiert das staatliche Recht. Es werden keine neuen Tatbestände geschaffen.

Der § 2 der DGUV Vorschrift beschreibt nochmals sehr deutlich die Verantwortung bzw. die Grundpflichten der Unternehmer. Der Unternehmer hat die erforderlichen Maßnahmen zur Verhütung von Arbeitsunfällen, Berufskrankheiten und arbeitsbedingten Gesundheitsgefahren sowie für eine wirksame Erste Hilfe zu treffen. Dabei hat der Unternehmer grundsätzlich vom § 4 des Arbeitsschutzgesetzes auszugehen.

In § 3 der Vorschrift wird die in verschiedenen staatlichen Gesetzen und Vorschriften geforderte Pflicht zur Erstellung einer Gefährdungsbeurteilung nochmals unterstrichen. Desweiteren wird geregelt, wie und wie oft die Unterweisung der (eigenen) Beschäftigten zu erfolgen hat.

▶ **Hinweis** Die Berufsgenossenschaftlichen Vorschriften gelten nicht nur für die Unternehmer in der Industrie/Handwerk. Sie gelten u. a. auch für die Beschäftigten in Architektur- und Ingenieurbüros.

3.3.2 Bauarbeiten DGUV Vorschrift 38 (ehem. BGV C22)

Diese Vorschrift geht auf die Besonderheiten der Baustellen ein. Auch hier werden keine neuen Tatbestände geschaffen.

▶ **Hinweis** Aus der Sicht des Autors ist die Vorschrift in einigen Passagen veraltet und überarbeitungsbedürftig. Bei der Beurteilung der Sachverhalte sollte der Fokus auf das staatliche Recht gelegt werden.

Die Vorschrift enthält einige praktische Definitionen und Handlungsanleitungen für die „sicherheitstechnischen Abläufe" auf Baustellen. Unabhängig von den Definitionen bzw. Handlungsanleitungen bleibt der Unternehmer in der Verantwortung. Um dieser Verantwortung gerecht zu werden, muss der Unternehmer die Sicherheit auf Baustellen planen und kalkulieren. Das wiederum kann er nur, wenn die Ausschreibung auch die „Sicherheitstechnische Komponente" enthält und im Sinne der VOB 2012 Teil A § 7, vollständig ist.

3.3.3 Sicherheitstipps für die Baugewerke

Die Theorie ist das eine, die praktischen Abläufe auf Baustellen sind teilweise eine andere Welt. Ein wichtiges Hilfsmittel für das Verständnis und den praktischen Gebrauch sind die „**Bausteine**" – Sicherheitstipps mit Illustrationen der Berufsgenossenschaft der Bauwirtschaft (BG BAU 2015). In diesen Bausteinen wird sehr praxisnah auf die wichtigsten Situationen, Arbeitsmittel, persönliche Schutzausrüstungen sowie Arbeitsverfahren eingegangen. Aus den Hinweisen der Bausteine kann deutlich abgeleitet werden, wie Bauarbeiten praktisch und sicherheitstechnisch durchgeführt werden müssen. Sofern diese Hinweise in der Planung und der Ausschreibung beachtet und auf der Baustelle umgesetzt werden, ist die Baustelle mit großer Wahrscheinlichkeit sicher.

▶   **Hinweis** Diese Bausteinmappe sollte in keinem Unternehmen fehlen. In den Sicherheitstipps werden die zu beachtenden Sachverhalte einfach und deutlich dargestellt. Diese Hinweise sind eine große Hilfe für die planenden Kollegen und auch für die Kollegen auf der Baustelle.

3.4 Anforderungen der Versicherer

In den Gremien des Gesamtverbandes der Deutschen Versicherungswirtschaft e. V. (GDV) werden ständig aktuelle Konzepte zur Erkennung und Bewertung neuer und bestehender Risiken sowie zur Vermeidung, Begrenzung bzw. Sanierung von Schäden erarbeitet.

Diese Konzepte finden Niederschlag in den Vertragsbedingungen der Versicherer. Die Bedingungen können je nach Auftraggeber, Auftragnehmer, Art und Lage der Baustelle und vieler andere Kriterien sehr unterschiedlich sein. Deshalb ist es erforderlich, dass sowohl im Entwurfs- und Planungsprozess als auch bei der Bauausführung diese Bedingungen beachtet werden. Einige der Versicherer haben eigene Fachinformationen, d. h. spezielle Bedingungen, erarbeitet, die es zu berücksichtigen gilt (HDI 2015a).

Ein besonderes Augenmerk ist auf das seit 2007 geltende Umweltschadensgesetz (USchadG) zu legen. Die Zusammenhänge und möglichen Auswirkungen wurden in einer Fachinformation folgendermaßen beschrieben. „Auf der Grundlage des Verursacherprinzips wird mit dem USchadG ein Haftungssystem zur Vermeidung und Sanierung von Umweltschäden geschaffen. Hierbei stellt der Gesetzgeber nicht darauf ab, ob Umweltschäden bei einem Dritten oder dem Versicherungsnehmer selbst eintreten. Zudem haften Unternehmen für bereits eingetretene Umweltschäden (Sanierung) ebenso wie für solche, die unmittelbar eizutreten drohen (Prävention)." (HDI 2015b)

3.5 Forderungen aus Normen und sonstigen Vorschriften

DIN-Normen basieren auf den gesicherten Ergebnissen von Wissenschaft, Technik und auf Erfahrungen. Die Aufgabe der national und international anerkannten Normenorganisation „Deutsches Institut für Normung e.V." ist es, in geordneten und transparenten Verfahren die Standardisierung anzuregen, zu steuern und zu moderieren. Auf das privatrechtliche Regelwerk wird oft bei Ausschreibungen und technischen Festlegungen zurückgegriffen. Zu berücksichtigen ist, dass nicht alle Normen aktuell sind und dass es in Teilbereichen einen Nachholbedarf bzgl. der Normierung gibt.

Des Weiteren sind ggf. **DIN EN-Normen** (Normen auf europäischer Ebene) und **ISO-Normen** der International (Organization for Standardization) zu berücksichtigen.

Darüber hinaus sind ggf. das **VDE Vorschriftenwerk** (Verband der Elektrotechnik, Elektronik und Informationstechnik) und die **VDI-Richtlinien** (Verein Deutscher Ingenieure) und andere zu berücksichtigen.

Eine VDI-Richtlinie wird hier besonders herausgegriffen:

VDI/GVSS 6202 Blatt 1:2013-10 Schadstoffbelastete bauliche und technische Anlagen; Abbruch-, Sanierungs-und Instandhaltungsarbeiten (VDI 2015). Diese VDI-Regel beschreibt Handlungsalgorithmen wie zu verfahren ist, wenn in Bestandsbauten Gefahrstoffe angetroffen werden. Als Architekten und Ingenieure sind wir Sachwalter des Bauherren/Auftraggebers. Die Bauherren haben jedoch eine erhebliche Mitwirkungspflicht. Die VDI 6202 Blatt 1 beschreibt im Punkt 5 die Bauherrenaufgaben. Diese Aufgaben werden nachfolgend als Auszug bzw. als Zusammenfassung wiedergegeben. Die Einhaltung dieser Anforderungen kann nur sichergestellt werden, wenn eine Schadstofferkundung stattgefunden hat und bei positivem Befund ein Schadstoffkataster erstellt und fortgeschrieben wird. Als Veranlasser der Sanierungsmaßnahmen trägt der Bauherr die Gesamtverantwortung. Diese besteht aus Planungs-, Überwachungs- und Entsorgungsverantwortung.

Die Verantwortung des Bauherrn während der **Planungsphase** umfasst z. B.:

- fachkundige, leistungsfähige und zuverlässige Planung
    - Hierzu gehört z. B. Erstellung einer ausführlichen Leistungsbeschreibung unter Aufnahme der „Besonderen Leistungen"

- Bestellung von Koordinatoren
  - gemäß Baustellenverordnung, Sicherheits- und Gesundheitsschutzplan (SiGe-Plan)
  - gemäß TRGS 524, Arbeits- und Sicherheitsplan
- Erarbeitung eines Schutzkonzepts
- Erarbeitung eines Entsorgungskonzepts
- Veranlassung/Einholung erforderlicher Anzeigen und Nachweise an die zuständigen Behörden
- Einholung erforderlicher Genehmigungen
- Auftragsvergabe an fachkundige, leistungsfähige und zuverlässige Unternehmen
- Durchführung von Beweissicherungen

Die Verantwortung des Bauherrn während der **Ausführungsphase** umfasst z. B.:

- Bestellung des Bauleiters gemäß LBO
- Koordination gemäß BaustellV
- Bestellung eines Koordinators nach GefStoffV, TRGS 519 und TRGS 524
- Überwachung des ordnungsgemäßen Bauablaufs
- Entsorgung sämtlicher anfallender Abfälle unter Erfüllung der abfallrechtlichen Deklarations-, Nachweis- und Dokumentationspflichten

Diese VDI-Regel wird durch Blatt 2 der Richtlinienreihe VDI/GVSS 6202 „Sanierung schadstoffbelasteter Gebäude und Anlagen – Qualifizierung von Personal" ergänzt werden (https://www.vdi.de/technik/fachthemen/bauen-und-gebaeude-technik/fachbereiche/bautechnik/artikel/sanierung-schadstoffbelasteter-gebaeude-und-anlagen-2/). Dieses beschreibt dann Inhalt, Umfang und Anforderungen an die Qualifizierungen der Beteiligten, die zur Anwendung der Richtlinie VDI/GVSS 6202 Blatt 1 erforderlich sind. Diese VDI-Regel ist bisher noch nicht erschienen. Unabhängig von der benannten Regel bleiben die Planung und die Überwachung zur Sanierung schadstoffbelasteter Gebäude und Anlagen eine Sache von Spezialisten.

3.6 Anforderungen der Auftraggeber

Jeder Auftraggeber hat seine eigenen Vorstellungen, Ziele, Zwänge und Voraussetzungen. Der Auftraggeber/Bauherr formuliert diese seine Voraussetzungen in der Bedarfsplanung oder in einer anderen geeigneten Art und Weise. Diese spezifischen Anforderungen bilden die Handlungsgrundlage, die es zu berücksichtigen gilt. So zum Beispiel:

- Bedarfsplanung/Aufgabenstellung
- Unternehmensinterne Bauordnungen
- interne Verhaltens- bzw. Betriebsanweisungen
- Anordnungen von Behörden
- Ortssatzungen
- Bedingungen von Versicherern
- Vorgaben infolge von Anordnungen von Medienträgern
- Vorgaben, Vereinbarungen und Wünsche privater Auftraggeber z. B. im Nachbarschaftsrecht

Daraus können sich sehr unterschiedliche Auswirkungen und Rückschlüsse auf Ihren Auftrag ergeben. Forderungen, die sich aus dem staatlichen- und aus dem berufsgenossenschaftlichen Gesetzen/Vorschriften/Regelwerk ergeben, sind sowieso zu erfüllen und deshalb an dieser Stelle nicht gesondert erwähnt.

Sicherheitsanforderungen – Planung und Bauleitung

4

4.1 Zusammenfassung

Sicherheit ist existenziell. Bauprozesse sind als besonders risikoreich einzustufen. Architekten/Ingenieure und Unternehmer tragen Verantwortung für diese Prozesse. Kaum ein Berufskollege wurde nicht bereits schon einmal mit dieser Verantwortung (Haftung) konfrontiert wurde. Gerade deshalb gilt es, sowohl den Planungsprozess als auch den Erstellungsprozess so sicher wie möglich zu gestalten. Natürlich kostet Sicherheit Geld. Aber Sicherheitsanforderungen, die nicht beachtet werden, kosten noch mehr Geld. Im ungünstigsten Falle sind Schäden an der Gesundheit zu verzeichnen. Deshalb sind Sicherheitsanforderungen in den Planungs- und Ausführungsprozesse zu berücksichtigen.

Vorplanung – Entwurf
Ein Bauwerk muss sich bestimmungsgemäß benutzen, warten und instand halten lassen. Das betrifft fast alle Bauteile. Dieser Ansatz ist von Anfang an konsequent zu verfolgen und im Entwurfsprozess zu berücksichtigen.

Ausführungsplanung – Ausschreibung
Im Planungsprozess wurden die auszuführenden Leistungen sicherheitstechnisch bewertet. Ob tatsächlich eine schriftlich formulierte „Gefährdungsbeurteilungen" vorliegt, sei dahingestellt. Die sicherheitstechnischen Anforderungen, die sich aus dem Planungsprozess/Gefährdungsbeurteilung ergeben, bilden die „sicherheitstechnische" Grundlage für eine vollständig und sichere Ausschreibung.

© Springer Fachmedien Wiesbaden 2016
M. Risch, *Arbeitsschutz und Arbeitssicherheit auf Baustellen*, essentials,
DOI 10.1007/978-3-658-12264-5_4

> ▶ **Hinweis** Nicht unerwähnt soll an dieser Stelle bleiben, dass es in Folge
> der Nichtbeachtung der sicherheitstechnischen Grundsätze in der Pla-
> nung und der Ausschreibung zu einen erheblichen Nachtragspoten-
> zial kommen kann. Dieser Sachverhalt ist Bauunternehmen bestens
> bekannt. Für Architekten, Ingenieure und Sachverständige stellt dieses
> aber ein erhebliches Haftungspotenzial dar.

Bauausführung/Bauleitung

Die im Planungsprozess gewonnenen und in die Planung eingeflossenen sicherheitstechnischen Erkenntnisse wurden in der Ausschreibung berücksichtigt. Dadurch
konnte jeder Bieter/Auftragnehmer, wie in der VOB 2012 Teil A § 7 gefordert, seine
Preise sicher kalkulieren.

„Die Leistung ist eindeutig und so erschöpfend zu beschreiben, dass alle Bewer-
ber die Beschreibung im gleichen Sinne verstehen müssen und ihre Preise sicher
und ohne umfangreiche Vorarbeiten berechnen können." (http://dejure.org/gesetze/
VOB-A/7.html)

Da in diesem Punkt die vertragsrechtlichen Voraussetzungen zu erfüllen sind,
ist auf der Baustelle die Erfüllung bzw. Umsetzung der sicherheitstechnischen Vorschriften und Notwendigkeiten zu kontrollieren bzw. einzufordern. Das ist viel
leichter geschrieben, als tatsächlich getan. Die Kontrolle und die Umsetzung von
sicherheitstechnischen Vorschriften und Notwendigkeiten führen zu sicheren Baustellen. Dabei wird die Bauleitung von Fachingenieuren, z. B. vom Koordinator nach
Baustellenverordnung, unterstützt. Die Abgrenzung der jeweiligen Tätigkeiten,
Verantwortungen und Zuständigkeiten ist vertraglich zu regeln.

Sicherheitsmanagement

Das ist eine Aufgabe aller am Bauprozess Beteiligter. Dazu können verschiedene
Pläne und Unterlagen gehören:

- Risikoanalysen
- Organisationspläne
- SiGe-Pläne
- Alarmpläne
- Notfallpläne
- Gefährdungsbeurteilungen usw.

Im Rahmen des Sicherheitsmanagements haben der Auftraggeber und die Bauleitung dafür zu sorgen, dass alle mit Sicherheit und Gesundheitsschutz sowie Um-
weltschutz beauftragten Personen ihre Aufgaben umfassend durchführen können
(Berner et al. 2009, S. 152).

5.1 Zusammenfassung

Ein Bauwerk muss sich grundsätzlich bestimmungsgemäß benutzen lassen. Was eine bestimmungsgemäße Nutzung ist, muss im Planungsprozess mit dem Auftraggeber geklärt werden. Ansonsten nimmt die Definition möglicherweise ein Jurist vor!

Ein zweiter Aspekt ist, dass ein möglichst einfacher und sicherer Betrieb möglich sein muss. Gehen Sie davon aus, dass die Mehrzahl der Gebäudenutzer keine Baufachleute und schon gar keine Sicherheitstechniker sind. Das wiederum bedeutet, dass im Planungsprozess die Rahmenbedingungen und die Voraussetzungen für eine „bestimmungsgemäße Nutzung und Wartung" geschaffen werden müssen. Der ganz normale Nutzer kommt eben im Winter mit Schnee an den Schuhen in die mit poliertem Granit belegte Eingangshalle – und stürzt möglicherweise! Die möglichen Konsequenzen können für die am Planungs- und Bauprozess Beteiligten sehr unangenehm werden.

5.2 Nutzung, Betrieb, Wartung, Instandhaltung

Ein Bauwerk muss sich grundsätzlich bestimmungsgemäß benutzen, warten und Instand halten lassen. Einzelheiten dazu sind u. a. in der Norm DIN 4426, 2013-12 Einrichtungen zur Instandhaltung baulicher Anlagen – Sicherheitstechnische Anforderungen an Arbeitsplätze und Verkehrswege – Planung und Ausführung (Beuth Verlag GmbH 2013) sowie der DIN 31051, 2012-09 Grundlagen der Instandhaltung geregelt (Beuth Verlag GmbH 2012). Die Möglichkeit zur Wartung/Instandhaltung/Kontrolle betrifft fast alle Bauteile, z. B. die Innen- und die Außenseiten von Glasfassaden, Bauteile an Fassaden, die Fassaden selbst bei Dämmungen, die

© Springer Fachmedien Wiesbaden 2016
M. Risch, *Arbeitsschutz und Arbeitssicherheit auf Baustellen*, essentials,
DOI 10.1007/978-3-658-12264-5_5

immer stärker werden, oder Dämmsystemen, die keine nachträglichen Durchdringungen dulden, z. B. Vakuumsysteme. Weitestgehend ausgenommen von dieser Instandhaltungs- bzw. Kontrollmöglichkeit sind z. B. Fundamente, Teile des Tragsystems, einige Abdichtungssysteme usw.

Auch hier soll nicht unerwähnt bleiben, dass sich in Folge der Nichtbeachtung der sicherheitstechnischen Grundsätze in der Planung, der Ausschreibung und der Bauleitung Mängel am entstehen können, Bauwerk und es zu einem erheblichen Haftungspotenzial führen kann. Dieses ist vielen Bauherren/Auftraggebern und denen von ihnen beauftragten Facility-Managern bestens bekannt. Für die Projektbeteiligten kann daraus ein erhebliches Haftungspotenzial erwachsen.

Sicherheitstechnische Fragestellungen

6

Die nachfolgende Liste, die keineswegs vollständig und abschließend ist, kann den Architekten, Ingenieuren, Sachverständigen und den Koordinatoren nach Baustellenverordnung sowie anderen verantwortlichen Personen eine Hilfestellung sein (Tab. 6.1).

Tab. 6.1 Sicherheitstechnische Fragestellungen

	Sachverhalt/Zustand	Hinweis/Fragestellung
1	Auftraggeber, Bauherr	Besucherverkehr, baustellenfremde Personen
		Einhaltung der zutreffenden Sicherheitsbestimmungen
		Kontrolle
		Notfallmanagement
		Zugang zur Baustelle nur mit entsprechender persönlicher Schutzausrüstung
2	Auftragnehmer, Baufirmen	Baustellenbetriebszeiten klären
		Einhaltung der zutreffenden Sicherheitsbestimmungen
		Bestimmungsgemäße Benutzung der Arbeitsmittel
		Einwandfreier Zustand der Arbeitsmittel
		Kommunikation sicherstellen
		Kontrolle der beauftragten Sicherheitseinrichtungen
		Nicht improvisieren
		Notfallmanagement

© Springer Fachmedien Wiesbaden 2016
M. Risch, *Arbeitsschutz und Arbeitssicherheit auf Baustellen*, essentials,
DOI 10.1007/978-3-658-12264-5_6

Tab. 6.1 (Fortsetzung)

	Sachverhalt/Zustand	Hinweis/Fragestellung
3	Baustelle, Abbrucharbeiten	Abbruchanweisung
		Abbruchstatik
		Baustelleneinrichtungsplan
		Gute und sichere Zufahrt
		Tragfähigkeit
		Unterirdische Anlagen
		Wenderadius der Fahrzeuge
		Zufahrt von Rettungsfahrzeugen
4	Baustelle, Absturzsicherung	Absturz, gemeinsam genutzte Schutzeinrichtungen
		Es sind solche Absturzsicherungen auszuwählen, die den Baufortschritt möglichst nicht behindern
		Absturzsicherungen müssen immer technisch einwandfrei sein und zuverlässig funktionieren
		Besonderheiten bei Montagen, Fassadenbekleidungen und Wärmedämmverbundsystemen beachten
		Prüfpflicht jedes Nutzers
		Rettung sicherstellen
		Rechtzeitige Anpassung an den Baufortschritt
		Sichere Anschlagpunkte verwenden
5	Baustelle, Absturzsicherung, Persönliche Absturzsicherung (PSA)	Eine persönliche Absturzsicherungen (PSA) ist die letzte Sicherungsmöglichkeit gegen Absturz
		Die Benutzer müssen im Gebrauch unterwiesen sein
		Vor dem Ersteinsatz ist zu klären, wie eine Person die abgestürzt ist, geborgen werden kann
6	Baustelle, allgemeine Sicherheit	Absturz, gemeinsam genutzte Schutzeinrichtungen
		Allgemeinbeleuchtung
		Arbeiten in engen Räumen
		Bauaufgabe tatsächlich realisierbar?
		Baustelleneinrichtungsplan
		Baustellenorganisation
		Besucherverkehr, baustellenfremde Personen
		Brandschutz
		Elektrische Anlagen
		Evakuierungspläne

Tab. 6.1 (Fortsetzung)

	Sachverhalt/Zustand	Hinweis/Fragestellung
		Explosionsschutz
		Flucht- und Rettungspläne
		Materialanlieferungen
		Notfallpläne
		Ordnung auf der Baustelle
		Parkordnung
		Rettungspläne
		Sicherung gegen unbefugtes Betreten
		SiGe-Pläne
		Verkehrssicherungspflicht
		Werkverkehr
		Zugang zur Baustelle
7	Baustelle, Aufzüge, Bühnen	Besonderheiten der Fassade beachten, z. B. starke Gliederung oder Vorsprünge
		Regelkonformer Aufbau und bestimmungsgemäße Nutzung
		Freigabe
		Personentransport nur auf dafür zugelassenen Geräten
		Prüfprotokoll
		Prüfzyklen beachten
		Umbauten und Umsetzungen nur durch Berechtigte
8	Baustelle, Baustelleneinrichtung	Baustelleneinrichtungsplan aktuell?
		Allgemeinbeleuchtung
		Bauleitung erreichbar?
		Baustellensicherung
		Baustellenverkehr
		Brandschutz – Zufahrt von Feuerwehren?
		Einsatz von Kränen, Hebezeugen
		Erste Hilfe – Zufahrt von Rettungsdiensten
		Lagerplätze – Zufahrten für Lieferanten
		Sozialeinrichtungen
		Tankstellen – Flüssiggaslager
		Ver- und Entsorgung
9	Baustelle, Baustelleneinrichtung, Bauumfeld	Erdleitungen
		Freileitungen
		Gasleitungen
		Gleichzeitiges Arbeiten der Firmen

Tab. 6.1 (Fortsetzung)

	Sachverhalt/Zustand	Hinweis/Fragestellung
		Kontaminationen
		Kriegsaltlasten
		Medienleitungen, sonstige
		Unterirdische Bauwerke
		Vorhandene Bauwerke
10	Baustelle, Baustellensicherheit	Sicherung gegen unbefugtes Betreten
		Sauberkeit
		Sicherungen gegen Stürze in Bewehrungen
		Zufahrt von Rettungsfahrzeugen
		Zustand der Zufahrt
11	Baustelle, Dächer	Absturz, gemeinsam genutzte Schutzeinrichtungen
		Brandschutz
		Sichere Zugänge
		Absturzkanten sichern
		Anseilschutz korrekt einsetzen
		Arbeiten mit Asbestzementplatten?
		Dachöffnungen sichern
		Feuerlöschgeräte
		Nichtbegehbare Dachflächen sichern
		Sind die Gerüste geeignet?
12	Baustelle, elektrische Arbeiten	Arbeiten an elektrischen Anlagen werden nur von geschultem und berechtigtem Personal ausgeführt
		Anlagen ausschalten und sichern
		Brand- und Explosionsschutz beachten
13	Baustelle, Feuergefährliche Arbeiten	Gefährdungsbeurteilung
		Be- und Entlüftung
		Brandposten
		Erlaubnisschein
		Explosionsgefahr vorhanden?
		Feuerlöschgeräte
		Funkenflug
		Kontrolle
		Kontrolle
		Sauberkeit
		Sicherheitsabstände
		Wärmeenergie
		Wärmeleitung

Tab. 6.1 (Fortsetzung)

	Sachverhalt/Zustand	Hinweis/Fragestellung
14	Baustelle, gefährliche Arbeiten	Montagearbeiten
		Abbrucharbeiten
		Arbeiten in kontaminierten Bereichen
		Arbeiten mit ferngesteuerten Geräten
		Arbeiten mit Schussgeräten
		Durchörterungen, Durchpressungen
		Feuerarbeiten
		Kernbohrungen
		Schweiß- und Schneidarbeiten
15	Baustelle, Gerüste	Standsicherheit
		Abnahmeprotokoll
		Besonderheiten bei Fassadenbekleidungen und Wärmedämmverbundsystemen beachten
		Errichtung Regelkonform
		Freigabeprotokoll
		Kennzeichnung der Gerüste
		Kontrolle nach Natur- oder Wetterereignissen
		Mangelbeseitigungen nur durch den Errichter
		Möglichst kein „Übereinanderarbeiten" zulassen
		Prüfpflicht jedes Nutzers
		Prüfprotokoll
		Prüfzyklen des Errichters
		Rechtzeitige Anpassung an den Baufortschritt
		Sicherungen gegen herabfallende Gegenstände
		Standsicherheit für den Anbau von Aufzügen
		Umbauten nur durch den Errichter
		Umbauten Regelkonform
		Untergraben von Gerüsten ist unzulässig
16	Baustelle, Hochbauarbeiten	Absturzkanten sichern
		Absturz, gemeinsam genutzte Schutzeinrichtungen
		Absturz
		Arbeiten in/an Schächten
		Arbeiten an Verkehrswegen
		Arbeiten in kontaminierten Bereichen?
		Arbeiten unterhalb von hochgelegenen Arbeitsplätzen
		Bodenöffnungen sichern

Tab. 6.1 (Fortsetzung)

	Sachverhalt/Zustand	Hinweis/Fragestellung
		Feuerarbeiten, Kessel für Abdichtungsstoffe, Heißklebstoffe
		Flucht- und Rettungswege
		Gräben und Baugruben sichern
		Hochgelegene Arbeitsplätze
		Lasten korrekt anschlagen
		Montagearbeiten
		Nicht begehbare Bauteile
		Persönliche Schutzausrüstung verwenden
		Stemm- und Schneidarbeiten
		Verkehrswege auf Baustellen
		Wandöffnungen sichern
		Zugänge zu hochgelegenen Arbeitsplätzen
		Zugänge zu Schalungen, Traggerüsten
17	Baustelle, Kontamination, Kriegsaltlasten	Kontamination von Gebäuden – Bauteilen – Boden
		Arbeits- und Sicherheitspläne
		Gefahrstoffuntersuchungen
		Risiken aus Bestandsgebäuden
		Schadstoffgutachten
		Untersuchungen auf Kriegsaltlasten
18	Baustelle, Leitern	Einsatz auf ein Minimum beschränken
		Sichere Benutzung
		Sicherer Standplatz
		Standplatz im Absturzbereich, Treppen, Öffnungen
		Standplatz an Verkehrswegen
19	Baustelle, Montagearbeiten,	Montageanweisung
		Baustelleneinrichtungsplan
		Bauteile sicher lagern
		Gute und sichere Zufahrt
		Lasten richtig anschlagen
		Montagezwischenzustände (temporäre) sichern
		Sichere Anschlagpunkte verwenden
		Tragfähigkeit des Baugrundes
		Unterirdische Anlagen
		Wenderadius der Fahrzeuge
		Zufahrt von Rettungsfahrzeugen

Tab. 6.1 (Fortsetzung)

	Sachverhalt/Zustand	Hinweis/Fragestellung
20	Baustelle, Photovoltaikanlagen	Zufahrt zur Baustelle
		Absturzsicherung
		Elektrischer Schlag
		Lage und Erreichbarkeit der Trennstellen
		Reflexionen durch Sonneneinstrahlung
		Schneelasten
		Statische Gegebenheiten
		Wartungsfähigkeit
		Wettersituation
		Wind
		Zufahrt für Rettungsfahrzeuge
21	Baustelle, Photovoltaikanlagen, allgemein	Statische Gegebenheiten
		Allgemeine Sicherheit
		Brandschutz
		Montageart
		Montageort
		Reflexionen auf Unbeteiligte
		Sicherheit der Umgebungsbebauung
		Sicherung gegen Blitzschlag
		Wartungszyklen
		Zufahrt für Rettungsfahrzeuge
		Zufahrt zur Baustelle
		Zugang zu anderen Anlagenteilen
22	Baustelle, Tiefbauarbeiten	Sicherung von benachbarter Bauwerke und Anlagen
		Abstände zum fließenden Verkehr
		Absturzsicherungen
		Arbeitsstellen an Verkehrswegen
		Baugrubensicherung
		Erdbautaktik
		Grundwasserhaltung
		Grundwasserhaltungen, Absenkungen
		Hochgelegene Arbeitsplätze
		Kontaminierter Baugrund
		Lage der Tankstellen
		Lastfreier Streifen am Baugrubenrand
		Medienbestandspläne vorhanden
		Sicherung freigelegter Rohrleitungen
		Tragfähigkeit des Baugrundes

Tab. 6.1 (Fortsetzung)

	Sachverhalt/Zustand	Hinweis/Fragestellung
		Unterirdische Leitungen und Bauwerke
		Verkehrswege an der Baugrube
		Zugang zu Gräben und Baugruben
		Zustand des Verbaus
23	Baustelle, Windenergieanlagen Allgemein	Statische Gegebenheiten
		Allgemeine Sicherheit
		Brandschutz
		Montageart
		Montageort
		Sicherung gegen Blitzschlag
		Wartungszyklen
		Zufahrt für Rettungsfahrzeuge
		Zufahrt zur Baustelle
24	Baustelle, Windenergieanlagen, Montage	Persönliche Schutzausrüstung (PSA) benutzen
		Arbeiten unter Absturzgefahr
		Arbeiten unter mechanischer Gefährdung
		Arbeiten unter elektrischer Gefährdung
		Geeignete Verkehrswege sicherstellen
		Gefährdungen aus Spezialwerkzeug beachten
25	Baustellen, Krane, Hebezeuge	Regelkonformer Aufbau und bestimmungsgemäße Nutzung
		Bedienung nur durch geeignete Personen
		Freigabe
		Gefahr durch Kollision mehrerer Krane
		Prüfprotokoll
		Prüfzyklen beachten
		Zugelassenen und geeignete Hebezeuge
26	Gebäude, allgemeine Sicherheit	Erreichbarkeit
		Beleuchtung
		Brandschutz
		Reduktion des Schadensausmaßes
		Schutz vor Übergriffen
		Zugänglichkeit
		Zustand der technischen Anlagen
27	Gebäude, Baustelle	Verkehrssicherungspflicht
		Abfallentsorgung
		Absturzsicherung
		Bodenschutz
		Brandschutz

Tab. 6.1 (Fortsetzung)

	Sachverhalt/Zustand	Hinweis/Fragestellung
		Feuerlöschmittel
		Gefährdungen aus der Umgebung der Baustelle
		Gefährliche Arbeitsstoffe
		Gewässerschutz
		Lärmemission
		Öffentliche Sicherheit
		Sicherheit außerhalb der Arbeitszeiten
		Staubemission
28	Gebäude, Behaglichkeit	Barrierefreiheit
		Ist gesundheitlich zuträgliche Atemluft vorhanden?
		Objektplanung zur Verbesserung des subjektives Sicherheitsempfinden
		Wartungszyklen
		Zustand der Flucht- und Rettungswege
29	Gebäude, Wartung und Instandhaltung	Ein Bauwerk muss sich bestimmungsgemäß benutzen, warten und instand halten lassen. Das betrifft fast alle Bauteile
		Sicherheitstechnische Hinweise ergeben sich aus der Unterlage für später Arbeiten (Baustellenverordnung)
30	Naturgefahren, allgemein	Lokale Standortwahl
		Grundwasserstände
		Lage des Objektes
		Widerstandsfähigkeit des Bauwerkes
31	Naturgefahren, Betrieb und Wartung	Erhalt der Widerstandsfähigkeit des Bauwerkes
		Kontrolle nach Natur- oder Wetterereignissen
		Wartungszyklen
32	Notfälle	Notfallmanagement aktuell
33	Risiken	Risikomanagementsystem aktuell
34	Termine	Terminpläne aktuell und realistisch

Was Sie aus diesem Essential mitnehmen können

Die Berücksichtigung aller sicherheitstechnischen Erfordernisse ist ein Kernbereich ihrer vertraglichen Verpflichtungen.

Wer die Gefahr schafft – ist für deren Sicherung verantwortlich.

Diese Feststellung ist elementar, aber für die Betroffenen lebens-, ja überlebenswichtig. Baustellen sind aus ihrem Kern heraus „gefahrträchtige Bereiche"

Sicherheit auf der Baustelle ist elementar. Sicherheit kostet aber auch Geld und Zeit. Jedoch kostet nicht beachtete Sicherheit oder eine schlechte Vorbereitung noch mehr Zeit und Geld. Jedes persönliches Leid, was sich daraus ergibt, ist die vermeintliche Ersparnis oder der erhoffte Zeitgewinn nicht wert. Leider ist auf einigen Baustellen diesbezüglich eine gewisse Sorglosigkeit, Nachlässigkeit oder Naivität anzutreffen.

Für eine **sichere Baustelle** ist eine vollständige und sicherheitstechnisch präventive Planung und Ausschreibung zwingend erforderlich. Zur ordnungsgemäßen Umsetzung auf den Baustellen gehört aber auch ein präventives Verhalten. Das bedeutet aber auch, dass alle am Entstehungsprozess beteiligten Architekten, Ingenieure, Sachverständige, Bauherren und Bauunternehmer sich ebenso präventiv verhalten und die geltenden Gesetze, Vorschriften und Regeln respektieren.

© Springer Fachmedien Wiesbaden 2016
M. Risch, *Arbeitsschutz und Arbeitssicherheit auf Baustellen*, essentials,
DOI 10.1007/978-3-658-12264-5

Literatur

Berner, F., et al. (2009). *Grundlagen der Baubetriebslehre 3*. Wiesbaden: Vieweg+Teubner.

Beuth Verlag GmbH. (2012). DIN 31051:2012-09, Grundlagen der Instandhaltung. http://www.beuth.de/de/norm/din-31051/154459920. Zugegriffen: 20. Sep. 2015.

Beuth Verlag GmbH. (2013). DIN 4426:2013-12, Einrichtungen zur Instandhaltung baulicher Anlagen – Sicherheitstechnische Anforderungen an Arbeitsplätze und Verkehrswege – Planung und Ausführung. http://www.beuth.de/de/norm/din-4426/192040694?SearchID=932863399. Zugegriffen: 20. Sep. 2015.

BG BAU – Berufsgenossenschaft der Bauwirtschaft. (2015). Bausteine/Merkhefte. http://www.bgbau-medien.de/struktur/inh_baus.htm. Zugegriffen: 20. Sep. 2015.

Bundesanstalt für Arbeitsschutz und Arbeitsmedizin. (2015). Forschung für Arbeit und Gesundheit. http://www.baua.de/de/Startseite.html. Zugegriffen: 20. Sep. 2015.

Bundesministerium der Justiz und Verbraucherschutz. (2015). juris. http://www.gesetze-im-internet.de/arbschg/. Zugegriffen: 20. Sep. 2015.

Bundesministerium für Umwelt, Naturschutz, Bau- und Reaktorsicherheit. (2015). Bewertungssystem Nachhaltiges Bauen. https://www.bnb-nachhaltigesbauen.de/. Zugegriffen: 20. Sep. 2015.

dejure.org Rechtsinformationssysteme GmbH. (2015). dejure.org. Gesetzen im Internet: http://dejure.org/. Zugegriffen: 20. Sep. 2015.

Deutsche Gesetzliche Unfallversicherung e. V. (DGUV). (2015a). DGUV Vorschrift 1 tritt in Kraft. http://www.dguv.de/de/Pr%C3%A4vention/Vorschriften-Regeln-und-Informationen/DGUV-Vorschrift-1/index.jsp. Zugegriffen: 20. Sep. 2015.

Deutsche Gesetzliche Unfallversicherung e. V. (DGUV). (2015b). Publikationen. http://publikationen.dguv.de/dguv/udt_dguv_main.aspx?ID=0. Zugegriffen: 20. Sep. 2015.

HDI-Gerling Industrie Versicherung AG. (2015a). Fachinformationen. https://www.hdi-gerling.de/berater-fachinfo/. Zugegriffen: 20. Sep. 2015.

HDI-Gerling Industrie Versicherung AG. (2015b). Haftpflicht Fachinformation. https://www.hdi-gerling.de/docs/fachinformationen/fachinfo_haft_0703_umweltschaden_end.pdf. Zugegriffen: 20. Sep. 2015.

Kesselring, R. (2002). *Verkehrssicherungspflichten am Bau* (Baurechtliche Schriften Bd. 57). Düsseldorf: Werner Verlag.

© Springer Fachmedien Wiesbaden 2016

M. Risch, *Arbeitsschutz und Arbeitssicherheit auf Baustellen*, essentials,

DOI 10.1007/978-3-658-12264-5

Kostka, G., Hertie School of Governance GmbH. (2015). Großprojekte in Deutschland – Zwischen Ambition und Realität. https://www.hertie-school.org/de/infrastruktur/. Zugegriffen: 20. Sep. 2015.

VDI Verein Deutscher Ingenieure e. V. (2015). VDI-Richtlinie: VDI/GVSS 6202 Blatt 1 Schadstoffbelastete bauliche und technische Anlagen – Abbruch-, Sanierungs- und Instandhaltungsarbeiten. https://www.vdi.de/richtlinie/vdigvss_6202_blatt_1-schadstoffbelastete_bauliche_und_technische_anlagen_abbruch_sanierungs_und/. Zugegriffen: 20. Sep. 2015.